KB151872

한티 에너지 과학 시리즈

신재생에너지 실험

박진남 지음

한티미디어

저자소개

박진남　경일대학교 신재생에너지학과

신재생에너지 실험

발행일　2017년 6월 9일 초판 1쇄
지은이　박진남
펴낸이　김준호
펴낸곳　한티미디어 | **주 소** 서울시 마포구 연남로 1길 67 1층
등 록　제15–571호 2006년 5월 15일
전 화　02)332–7993~4 | **팩스** 02)332–7995
ISBN　978–89–6421–298–1(93570)
가 격　18,000원

마케팅　박재인 최상욱 김원국 | **관 리** 김지영
편 집　이소영 박새롬 김현경 | **본 문** 이경은

이 책에 대한 의견이나 잘못된 내용에 대한 수정 정보는 한티미디어 홈페이지나 이메일로 알려주십시오.
독자님의 의견을 충분히 반영하도록 늘 노력하겠습니다.
홈페이지 www.hanteemedia.co.kr | **이메일** hantee@empal.com

본 연구는 2016년도 산업통상자원부 재원으로 한국 에너지기술평가원(KETEP)의 지원을 받아 수행한 연구과제
입니다.(NO.20154030100770)

PREFACE

근래에 신재생에너지에 대한 관심이 많아지면서, 여러 곳에서 신재생에너지와 관련된 전공이 신설되고 있다. 신재생에너지는 재생에너지 8개 분야와 신에너지 3개 분야로 그 종류가 매우 다양하며, 이들 각각의 분야는 서로 다른 전공지식을 요구한다.

대표적인 재생에너지인 태양전지는 다양한 유형이 있어, 태양전지 유형에 따라 반도체, 전기화학, 재료공학, 양자역학 등 복합적인 지식을 필요로 한다. 연료전지의 경우에는 전기화학, 고분자 공학, 화학공학, 무기재료 공학, 금속공학 등의 지식을 요구하며, 풍력의 경우에는 기계공학, 전기공학, 재료공학, 토목공학의 지식까지도 이해하여야 한다. 이처럼 신재생에너지는 한 단어이지만 그 세부를 살펴보면 매우 복합적인 지식이 결합되어 이루어진 분야이다.

본 교재에서는 신재생에너지를 이해하고자 하는 학부의 저학년을 대상으로 전공과 무관하게 공학도라면 알아야 할 기초적인 실험실 안전, 여러 가지 물리량과 단위, 실험 데이터의 처리, 실험 보고서 작성법, 여러 가지 물리량의 측정 방법에 대해 소개하였으며, 이와 관련된 간단한 실험을 제시하였다. 또한 대표적인 신재생에너지인 연료전지와 태양전지에 관련된 간략한 이론을 소개하고 이와 관련된 기초적인 실험을 제시하였다. 마지막으로는 일반적으로 잘 접하지 못하는 피팅과 밸브에 대해 간략히 소개하였으며, 부록에는 여러 가지 실험에 필요한 장치와 부품의 구매처에 대해 소개하였다.

이 책을 통해 공학도들의 신재생에너지에 대한 이해도가 높아지기를 기대하며, 또한 보다 나은 신재생에너지 실험교재의 초석이 되기를 기대한다.

박진남

CONTENTS

CHAPTER 11   피팅과 밸브   163

APPENDIX

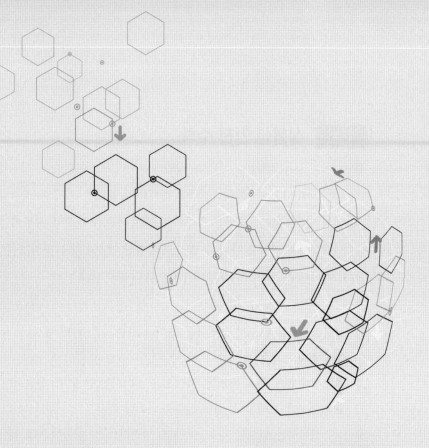

CHAPTER 1

실험실 안전

1.1 실험실 안전 수칙

화학실험실에는 다양한 화학물질들과 장비들이 있으며, 이 중에는 취급에 주의를 요하는 것들이 많이 있다. 실험실에서의 부주의로 인해 사고가 발생할 경우에는 본인뿐만 아니라 주변의 사람들에게 피해를 끼칠 수 있으므로 항상 안전수칙을 지키고 주의하여야 한다. 실험실에서 지켜야 하는 안전수칙은 대표적으로 다음과 같다.

(1) 실험실에서는 반드시 실험복을 입어야 하며, 가능하면 맨 살이 노출되지 않도록 하여야 한다.

(2) 실험실에서는 샌들, 슬리퍼, 하이힐을 신어서는 안 되며, 운동화와 같이 발등이 덮이고 안전하게 보행할 수 있는 신발을 신어야 한다.

(3) 실험실에서는 필요할 경우, 보안경, 방진마스크, 방독마스크, 장갑, 내열장갑, 저온용 장갑, 소음방지용 귀마개 등을 적절히 착용하여야 한다.

(4) 실험실에서는 항상 천천히 신중하게 움직인다.

(5) 실험실은 항상 환기가 잘 되는 상태를 유지하여야 한다.

(6) 실험실에서 단독으로 실험하는 것은 피하여야 하며, 2인 이상이 조를 이루어서 실험해야 한다. 특히 위험한 실험이나, 야간 실험의 경우에는 반드시 2인 이상이 공동으로 실험하여야 한다.

(7) 실험실에서 사고가 발생하거나, 혼자서 대응하기 힘든 상황에 닥쳤을 때는 반드시 실험조교나 담당교수와 같은 상위 관리자에게 보고하여야 한다. 임의로 사고를 처리했다가 보다 큰 사고를 유발할 수 있다.

(8) 실험실에서 발생한 폐기물은 항상 적절한 절차를 통해 폐기하여야 한다.

(9) 실험실에서는 승인된 실험만 하여야 하며, 독단적으로 행동하여서는 안 된다.

(10) 실험실에는 반드시 구급약, 소화기, 비상 샤워 장치, 눈세척기 등을 비치하거나 설치하여야 한다.

(11) 실험실에서는 음식물을 먹지 않도록 하며, 담배를 피우지 않는다.

(12) 유독한 물질이 발생하는 실험은 후드 내에서 수행하며, 폭발의 위험이 있는 실험을 할 경우에는 적절한 방폭 설비가 된 곳에서 실험하여야 한다.

실험복   실험용 앞치마

방진마스크   방독마스크   귀마개

보안경   고글   보안면(face shield)

라텍스 장갑   내열 장갑   저온 장갑

〈그림 1-1〉 실험실에서의 개인 안전 장비.

(13) 눈에 이물질이 들어갔을 경우에는 절대로 눈을 비비지 말고, 눈세척기로 씻거나 흐르는 물로 눈을 씻은 후 안과로 가도록 한다.

(14) 깨지거나 금이 간 유리 기구는 즉시 버리도록 하며, 체결된 유리 기구를 풀 때에 무리한 힘을 주지 않도록 한다.

(15) 용기에 무엇인가를 담게 되면, 반드시 내용물에 대해 기록한 라벨을 부착한다.

(15) 어떤 용기에 담긴 물질을 사용할 경우에는 라벨에 적힌 것을 잘 읽고 사용하도록 한다.

(16) 발화성 용매를 가열할 때는 반드시 물중탕, 모래중탕과 같이 불꽃이 닿지 않는 간접 가열을 사용한다.

눈세척기(eye wash)   비상 샤워 장치   가스 용기 지지대

후드(hood)   가스 누출 감지기

〈그림 1-2〉 실험실에서의 안전 설비.

(17) 화재 시 폭발의 위험이 있으므로, 실험실에는 필요 이상으로 많은 양의 유기용매를 보관하지 않는다.

(18) 가스 용기는 반드시 운반용 카트를 이용하여 운반하여야 하며, 사용 시에는 외부의 충격에 의해 넘어지지 않도록 고정하여야 한다.

(19) 수소와 같은 무색, 무취의 폭발성 가스를 사용할 경우에는 수소의 누출을 감지할 수 있는 가스 누출 경보기를 적절한 위치에 설치하여야 한다.

(20) 과열로 인한 화재의 위험이 있으므로 한 콘센트에 용량 이상의 전기장치를 사용하지 않아야 한다.

1.2   실험실에서의 폐시약 배출

화학실험실에서 발생하는 폐시약은 몇 가지로 분류할 수 있으며, 보통 산성 폐시약, 염기성 폐시약, 중금속 폐시약, 유기용매 폐시약 등으로 나누어서 폐기한다. 즉 화학실험실에는 적어도 4종류 이상의 폐액통을 비치하여야 한다. 고체 폐시약이 발생할 경우에는 이를 별도의 폐기물 통에 모으는 것이 바람직하다. 폐액통에 일정 분량의 폐시약이 모이면 폐기물 전문 처리업체에게 처리를 의뢰하여야 한다.

〈그림 1-3〉 폐액 저장 용기의 예

폐액통에는 폐기물 처리를 정확히 할 수 있도록 폐기물의 구체적인 화학적 조성, 폐기물을 버린 양, 폐기물을 버린 날자, 폐기한 사람 등을 기록한 폐기물 전표를 부착하여 관리하는 것이 바람직하다.

폐시약을 버릴 때 주의해야 할 점들은 아래와 같다.

(1) 폐기물 저장 시설은 실험실과는 별도로 환기가 잘 되는 외부에 설치하는 것이 바람
      직하다.
(2) 폐유기용매류는 휘발되지 않도록 밀폐된 용기에 보관하여야 한다.
(3) 다음의 폐액은 서로 간에 반응이 일어날 수 있으므로 혼합하여 폐기하지 않는다.
      ① 과산화물과 유기물
      ② 시안화물, 황화물, 차아염소산과 산
      ③ 염산, 불화수소 등의 휘발성 산과 비휘발성 산
      ④ 진한 황산, 술폰산, 옥살산, 폴리인산 등의 산과 기타 산
      ⑤ 암모늄염, 휘발성 아민과 알칼리
(4) 과산화물, 니트로글리세린 등의 폭발성 물질을 함유하는 폐액은 보다 신중하게 취급
      하고 조기에 처리한다.
(5) $NaBH_4$와 같은 물질은 저장 중에도 지속적으로 수소가 발생되므로, 폭발이 일어나지
      않도록 주의하고 조기에 처리한다.

→ 폐수 처리 의뢰 전표

(앞면)

폐 수 처 리 의 뢰 전 표

뒷면에 폐수의 주성분을 자세히 기록하여 주시기 바랍니다.

대학(연구소):　　　　학부(과) :

O1

실 험 실 명:　　　　동·호실 :

폐수의 분류 (해당란에 ☑)

O2
- ☐ 유기계 폐수
- ☐ 산 폐수
- ☐ 알칼리 폐수
- ☐ 무기계 폐수 (산, 알칼리 제외)

폐수 처리지침
폐수처리의뢰전표에 정확한 해당정보와 환경안전관리자
의 날인이 없는 폐수저장용기는 수거하지 않습니다.

앞뒷면의 기재사항 및 이물질, 변성성, 폭발성 물질이
들어 있지 않음을 확인함

의 뢰 자:　　O3　　(인) TEL :

환경안전관리자:　　　　(인)

| 200 　 년 　 월 　 일 |

O4 **환경안전원**　☎ 880-5506, 5500
http://eps.snu.ac.kr

(뒷면)

1. 공존할 수 없는 물질이 섞이지 않도록 주의를 요함
2. 폐수를 부을 때마다 주성분을 자세히 기록
3. 배출자 성명은 반드시 정자로 기입

월/일	폐수 주성분	양(ml)	배출자 성명
	O5		

→ 폐수 처리 의뢰 전표 작성 방법

O1　폐수 배출 기관명 및 실험실의 동.호실까지 정확히 기재하여야 한다.

O2　배출되는 폐수의 성상을 정확히 표시하여야 한다.

O3　의뢰자는 실험실의 폐수 관리 담당자(담당 학생), 환경안전관리자는 지도교수를 말한다. 단, 공동실험실 등에서 배출되는 경우 학장, 학부(과)장 등의 직함을 적고(예, 공과대학장 등), (인)에는 반드시 도장을 찍어야하며(싸인 불가), 전화번호는 의뢰자와 통화 가능한 번호를 적는다.

O4　환경안전관리자로부터 폐수처리의뢰 확인 날인을 받은 날짜.

O5　폐수를 폐수 저장 용기에 부을 때 마다 주성분을 기록하여야하며, 혼합해서는 안 되는 물질(앞사람이 배출한 물질을 포함)을 동일한 용기에 붓지 말아야 한다.

〈그림 1-4〉 폐수 처리 전표 작성법의 예

1.3 실험실 사고 예

(1) 산성 폐액과 염기성 폐액을 동일한 용기에 폐기하였을 경우, 중화반응에 의해 중화 열이 발생한다. 이 상태로 장시간이 경과하면 고온에 의해 폐액 용기의 압력이 증가 하여 폭발할 수 있다.

(2) 시안화 칼륨(KCN)과 같은 시안계 화합물 폐액을 산성 폐액과 혼합하여 폐기하면, 산과 시안의 반응에 의해 청산 가스(HCN)가 발생하게 되며, 이는 인체에 치명적인 유독 가스이다.

(3) 후드 내에서 실험 중 폭발이 일어나면 후드 전면의 유리창 파편에 의해 실험자가 다 칠 수 있다. 후드 내에서 폭발의 우려가 있을 경우에는 후드 전면 유리창을 유리 파 편이 발생하지 않는 방폭 유리를 사용하여야 한다.

(4) 결합 부위가 고착된 유리 기구를 무리한 힘으로 분리하면 유리관이 깨져 다칠 수 있 으므로 어느 정도 힘으로도 분리되시 않으면 폐기하도록 한다.

(5) 방진마스크는 입자만을 제거할 수 있으며, 만약 기상의 유독 물질이 발생하는 경우 에는 화학물질도 제거할 수 있는 방독마스크를 사용하여야 한다.

(6) 다량의 유기 용매를 사용하는 실험실에서 환기가 제대로 되지 않을 경우에, 실험자 의 건강에 해로울 뿐만 아니라 작은 불꽃에 의해서도 폭발사고가 일어날 수 있다.

참고 문헌

1. "환경실험실 운영관리 및 안전", 국립환경과학원, 2015
2. 서울대 환경안전원, http://ieps.snu.ac.kr/

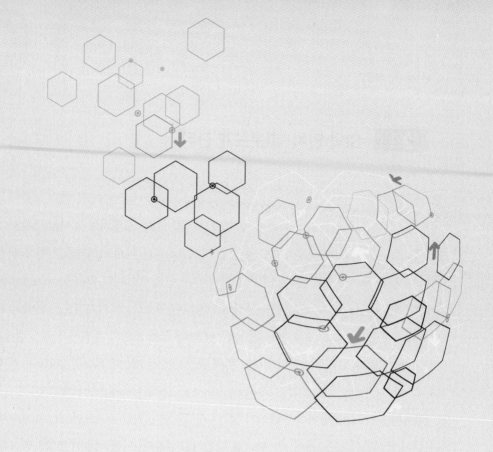

CHAPTER 2

여러 가지
물리량과 단위

2.1 SI와 인치-파운드계 단위

국제단위계(International System of Units, 약칭 SI)는 도량형의 하나로, MKS (Metre-Kilogramme-Second)단위계라고도 불린다. 국제단위계는 현재 세계적으로 일상 생활뿐 아니라 상업적, 과학적으로 널리 쓰이는 도량형이다. 단위계는 미터계(meter system)와 인치-파운드계(inch-pound system)로 구분되어 사용되어 왔으나, 전 세계적으로 단일화 된 국제단위계를 만드려는 노력으로 1960년 10월 제 11차 국제 도량형 총회에서 SI가 결정되었으며, SI라는 말 자체에 '국제단위계'라는 뜻이 포함되었기 때문에 SI단위계라고는 하지 않는다. 그 외에 MKS의 보조 단위로 cgs (centimeter-gramme-second) 단위계도 있다.

MKS의 3가지 기본단위에 분해되지 않는 4개의 기본단위를 추가하여, 표 2-1에 보이는 바와 같이 국제단위계는 7개의 기본단위를 사용하고 있으며, 이를 적절히 조합하면 수없이 많은 물리량의 단위를 표현할 수 있다.

〈표 2-1〉 국제단위계의 7개 기본단위

물리량	이름	기호
길이	미터, meter	m
질량	킬로그램, kilogramme	kg
시간	초, second	s
전류	암페어, ampere	A
온도	켈빈, Kelvin	K
몰질량	몰, mol	mol
광도	칸델라, candela	cd

SI 기본 단위에서 도출된 단위 중에서 별도의 호칭으로 표기하는 유도 단위는 표 2-2와 같다.

〈표 2-2〉 SI 기본 단위에서 도출된 22가지 유도 단위

물리량	이름	기호	SI 단위
평면각	라디안	rad	무차원
입체각	스테라디안	sr	무차원
주파수	헤르츠	Hz	s^{-1}
힘	뉴턴	N	$m\ kg\ s^{-2}$
압력	파스칼	Pa	$N/m^2 = m^{-1}\ kg\ s^{-2}$
에너지, 일, 열량	줄	J	$N \cdot m = m^2\ kg\ s^{-2}$
일률, 전력, 동력	와트	W	$J/s = m^2\ kg\ s^{-3}$
전하량, 전기량	쿨롱	C	$A\ s$
전위차, 전압	볼트	V	$W/A = m^2\ kg\ s^{-3}\ A^{-1}$
전기 용량	패럿	F	$C/V = m^{-2}\ kg^{-1}\ s^4\ A^2$
전기 저항	옴	Ω	$V/A = m^2\ kg\ s^{-3}\ A^{-2}$
전도율	지멘스	S	$A/V = m^{-2}\ kg^{-1}\ s^3\ A^2$
자기 선속	웨버	Wb	$V \cdot s = m^2\ kg\ s^{-2}\ A^{-1}$
자기선속밀도	테슬라	T	$Wb/m^2 = kg\ s^{-2}\ A^{-1}$
인덕턴스	헨리	H	$Wb/A = m^2\ kg\ s^{-2}\ A^{-2}$
섭씨 온도	섭씨 온도	℃	$K - 273.15$
광선속	루멘	lm	$cd \cdot sr$
조도	럭스	lx	$lm\ m^{-2}$
방사능	베크렐	Bq	s^{-1}
흡수선량	그레이	Gy	$J/kg = m^2\ s^{-2}$
선량당량	시버트	Sv	$J/kg = m^2\ s^{-2}$
촉매 활성도	캐탈	kat	$mol\ s^{-1}$

이러한 단위계를 사용할 때에는 적절한 SI 접두어를 사용하면 매우 큰 값과 작은 값을 손쉽게 표기할 수 있다. 우리에게 익숙한 접두어로는 단위인 데이터 저장용량의 단위인 kB, MB, GB, TB 등이 있으며, 길이의 단위인 km, m, mm, ㎛m, nm 등도 있다. SI 접두어는 표 2-3에 정리하였다. 참고로 kilo보다 큰 접두어는 모두 대문자로 표기되며, kilo 이하의 접두어는 모두 소문자로 표기된다.

〈표 2-3〉 SI 접두어

10^n	접두어	배수	기호
10^{21}	제타, zetta	십해	Z
10^{18}	엑사, exa	백경	E
10^{15}	페타, peta	천조	P
10^{12}	테라, tera	조	T
10^9	기가, giga	십억	G
10^6	메가, mega	백만	M
10^3	킬로, kilo	천	k
10^2	헥토, hecto	백	h
10^1	데카, deca	십	da
10^0		일	
10^{-1}	데시, deci	십분의 일	d
10^{-2}	센티, centi	백분의 일	c
10^{-3}	밀리, mili	천분의 일	m
10^{-6}	마이크로, micro	백만분의 일	μ
10^{-9}	나노, nano	십억분의 일	n
10^{-12}	피코, pico	일조분의 일	p
10^{-15}	펨토, femto	천조분의 일	f
10^{-18}	아토, atto	백경분의 일	a
10^{-21}	젭토, zepto	십해분의 일	z

국제적으로 SI를 사용하기로 합의하였으나, 여전히 서구 국가에서는 영국에서 예전부터 사용하던 인치-파운드 단위계(또는 imperial unit)를 계속 혼용하여 사용하고 있으며, 특히 화학공학의 분야에서는 널리 사용되고 있다. 대표적인 인치-파운드 단위계의 물리량을 표 2-4에 나타내었다. 부피의 단위인 액량 온스와 갤런은 영국과 미국의 수치가 다르다. 또한 힘의 단위인 파운드힘은 1 파운드의 질량에 가해진 중력에 해당하며, 에너지의 단위인 Btu 는 물 1 파운드의 온도를 화씨 1도만큼 상승시키는데 필요한 에너지이다. 압력의 단위로는 psi가 주로 사용되는데, 이는 1 제곱인치의 면적에 1 파운드힘의 힘이 가해지는 것을 뜻하며, 주로 타이어 등의 압력 표기에 많이 사용된다.

〈표 2-4〉 대표적인 인치-파운드 단위

물리량	이름	기호	비고
길이	밀, mil	mil	1/1,000 인치
	인치, inch	in	–
	피트, feet	ft	12 인치
	야드, yard	yd	36인치
무게	온스, ounce	oz	–
	트로이 온스, Troy ounce	Troy oz	귀금속의 무게에 사용
	파운드, pound	lb	16 온스
부피	액량 온스, fluid ounce	fl oz	영국과 미국이 다름
	갤런	gal	영국: 62 $^{\circ}$F에서 물 10 lb의 부피 미국은 영국과 다름
힘	파운드힘, pound force	lb$_f$	1 lb의 질량에 발휘된 중력
에너지	British Thermal Unit	Btu	물 1 lb의 온도를 1 $^{\circ}$F 올리는데 필요한 열량
압력	psi	psi	pound(-force) per square inch

자주 사용되는 SI와 인치-파운드 단위계의 변환에 대한 내용을 표 2-5에 나타내었다.

〈표 2-5〉 대표적인 인치-파운드 단위의 SI 변환

물리량	인치-파운드 단위	SI 단위
길이	1 mil	25.4 μm
	1 in	2.54 cm
	1 ft	30.48 cm
	1 yd	91.44 cm
무게	1 oz	28.35 g
	1 Troy oz	31.1 g
	1 lb	453.6 g
부피	1 fl oz	영국: 28.413 ml 미국: 29.574 ml
	1 gal	영국: 4.546 l 미국: 3.785 l
힘	1 lb$_f$	4.448 N 또는 0.4536 kg$_f$
에너지	1 Btu	252 cal 또는 1,055 J
압력	14.7 psi	1 기압 또는 1.013x10^5 Pa

2.2 길이의 측정

    길이의 측정에는 자, 버니어 캘리퍼스, 마이크로미터 등이 사용되며, 길이의 정밀한 측정이나 간격의 조절에는 다이얼게이지가 사용된다.

    버니어 캘리퍼스는 그림 2-1과 같이 생겼으며, 어미자(주척)과 아들자(부척)로 구성되어 있으며 내경, 외경, 깊이를 측정할 수 있다. 어미자로 대략의 크기를 재고, 아들자의 눈금을 이용하면 보다 정밀한 측정이 가능하다.

    그림 2-2에 버니어 캘리퍼스 측정의 예를 보였다. 아들자의 0 눈금이 어미자의 11과 12 사이에 위치하므로, 크기는 11 mm와 12 mm 사이임을 알 수 있다. 아들자는 19 mm를 20 등분한 눈금이 매겨서 있는데, 아들자의 16번째 눈금이 어미자의 눈금과 일치하는 것으로부터 어미자 11 mm 눈금으로부터 아들자 0 눈금까지의 거리가 0.8 mm 임을 알 수 있다. 즉, 측정한 크기는 11.80 mm가 되며, 이 버니어 캘리퍼스는 0.05 mm 정밀도로 측정이 가능하다.

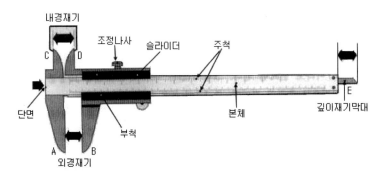

〈그림 2-1〉 버니어 캘리퍼스의 구조.

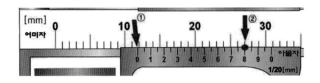

〈그림 2-2〉 버니어 캘리퍼스 읽는 법.

마이크로미터는 버니어 캘리퍼스보다 더욱 정밀한 측정이 가능하며, 그림 2-3과 같은 구조를 가진다. A와 C 사이에 측정대상을 끼워서 두께를 잴 수 있으며, 측정부의 구조에 따라 내경이나 깊이를 잴 수도 있다. B는 '슬리브' 부분이며, D는 '딤블' 부분으로 이 두 부분에 눈금이 새겨져 있다. E를 돌리면 딤블이 회전하면서 전후로 이동한다. 딤블이 한 바퀴 회전하면 슬리브의 1 눈금만큼 딤블이 이동하게 된다.

그림 2-4에 마이크로미터 측정의 예를 보였다. 슬리브는 0.5 mm 간격으로 눈금이 매겨져 있으며, 딤블은 50개의 눈금이 매겨져 있다. 딤블의 끝이 슬리브 눈금 7.0과 7.5 mm 사이에 걸려 있으므로, 크기는 7.0과 7.5 mm 사이임을 알 수 있다. 슬리브의 중앙선과 만나는 딤블의 눈금이 37이므로 이는 7.0 mm에서 떨어진 간격이 0.37 mm임을 알 수 있다. 따라서 측정된 크기는 7.37 mm가 된다.

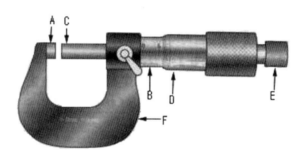

〈그림 2-3〉 마이크로미터의 구조.

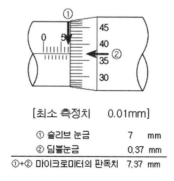

[최소 측정치   0.01mm]

① 슬리브 눈금	7	mm
② 딤블눈금	0.37	mm
①+② 마이크로미터의 판독치	7.37	mm

〈그림 2-4〉 마이크로미터 읽는 법.

그림 2-5에는 다이얼게이지를 나타내었는데, 길이를 측정하기보다는 아주 짧은 거리 간격의 정밀한 측정이나, 간격을 정밀하게 유지하는데 사용된다. 보통 다이얼게이지는 마이크로미터 레벨의 조절에 사용된다. 그림 2-5의 다이얼게이지는 내측눈금이 9와 0 사이에 위치하고, 외측눈금이 84.5에 위치하므로, 9 mm + 0.845 mm = 9.845 mm, 즉 측정값은 9,845 μm 가 된다.

그림 2-6은 다이얼게이지를 기계에 부착하여 간격을 조절하는데 이용한 예이다.

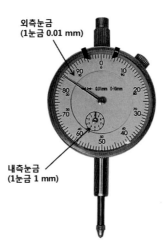

외측눈금
(1눈금 0.01 mm)

내측눈금
(1눈금 1 mm)

〈그림 2-5〉 다이얼게이지의 구조 및 읽는 법.

〈그림 2-6〉 다이얼게이지를 이용한 간격 조정의 예.

2.3 무게의 측정

무게의 측정에는 저울을 사용하며, 실험실 규모에서는 정밀한 저울(balance)을 사용한
다. 일반 실험용 저울은 0.01 g의 정밀도를 가지며, 정밀 실험용 저울은 0.001 g에서 0.0001
g의 정밀도를 가지고 있다. 과거에는 양팔 저울을 사용하였기에 저울의 정확한 사용법을 익
히기가 매우 어려웠다. 지금은 센서를 장착한 전자식 저울이 보편화되어 저울의 사용이 매
우 쉬워졌지만, 여전히 저울의 설치 및 사용에 주의할 점들은 있다.

먼저 저울을 설치할 곳은 진동이 없어야 하며, 저울은 수평을 유지하여야 한다. 또한 수
분을 흡수하는 조해성 시료인 경우에는 반드시 건조제가 있는 상황에서 신속하게 무게를
측정하여야 한다. 그 외에 저울 주위는 항상 청결하게 유지하여야 한다.

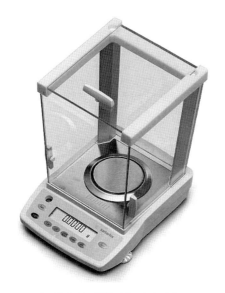

〈그림 2-7〉 실험실용 정밀 저울.

그림 2-7에 실험용 정밀 저울의 예를 보였다. 눈금 표시가 0.0000으로 되어 있는 것으로
부터 0.1 mg까지 측정이 가능함을 알 수 있다. 측정 시 외부의 바람에 의한 영향을 없애기
위하여 시료가 위치하는 부위는 외부와 차단되게 되어 있다. 또한 저울의 적절한 부위(사진
에서는 왼쪽 부분)에 수평 상태를 확인할 수 있는 버블 수평계가 설치되어 있으며, 저울의
다리 높이를 조절하여 수평을 맞출 수 있다. 시료가 들어가는 케이스는 보통 좌, 우, 위쪽을

여는 것이 가능하며 필요가 없을 경우에는 케이스를 제거할 수도 있다.

저울의 정밀도가 높은 경우에는 측정 무게에 제한이 있으며, 보통 100 ~ 200 g이 무게 측정의 상한선이 된다. 케이스 내부의 습기를 제거하기 위해, 케이스 내부의 빈 공간에 흡습제를 넣어두는 것이 좋다.

2.4   부피의 단위

가장 보편적으로 사용되는 부피의 단위는 입방미터(m^3) 또는 리터(l)이다. 고체나 액체의 부피는 일반적인 부피의 단위로 나타낼 수 있으나, 기체의 경우에는 표준입방미터(Nm^3, normal cubic meter)를 사용한다. 기체의 부피는 온도 및 기압에 따라 변화하므로, 기체의 부피를 언급할 때에는 반드시 측정한 온도 및 기압 조건이 추가되어야 한다. 이러한 번거로움을 없애기 위해 0 ℃, 1 기압 조건에서 측정한 기체의 부피로 환산하여 사용하는데, 이를 표준입방미터라고 한다. 작업 현장에서는 $1\ m^3$를 루베로 표현하기도 하는데 이는 일본어식 표현이므로 사용하지 않는 것이 좋다.

실험실에서 기체를 사용할 경우에 주로 고압의 실린더(cylinder 또는 bombe)에 저장된 기체를 사용하게 된다. 이러한 고압 실린더는 보통 100 기압 이상으로 충전되어 있으므로, 취급에 주의하여야 한다. 또한 이러한 기체실린더는 충전가스의 종류를 표기하는 것뿐만 아니라, 색깔로도 그 종류를 구별할 수 있다. 산소는 녹색, 이산화탄소는 청색, 질소나 헬륨과 같은 불활성 가스는 회색 등으로 칠한다. 위험성이 높은 수소는 적색으로 칠하며, 특별히 취급의 주의를 강조하기 위해 밸브나 나사를 모두 일반적으로 사용하는 것과 반대 방향인 왼쪽으로 돌려서 잠가지는 것을 사용한다.

〈그림 2-8〉 여러 가지 가스 실린더.

원유의 단위로는 배럴(bbl, barrel)을 사용하며, 배럴의 사전적 의미는 나무로 만든 큰 술통을 뜻한다. 1 배럴은 158.9 리터에 해당한다. 또한 공업용으로 사용되는 드럼통은 200 리터이며, 일상에서 흔히 사용되는 플라스틱 말통은 18 또는 20 리터이다.

〈그림 2-9〉 배럴, 드럼통, 말통.

2.5   온도의 단위

온도의 단위로는 섭씨온도($^\circ$C, degree Celsius)를 가장 널리 사용하며, 물의 어는점을 0
$^\circ$C, 물의 끓는점을 100 $^\circ$C로 정하여, 이를 기준으로 온도를 표기한다. 이와는 달리 화씨온도
($^\circ$F, degree Fahrenheit)는 물의 어는점을 32 $^\circ$F, 물의 끓는점을 212 $^\circ$F로 정하여, 이를 기준
으로 온도를 표기한다. 미국과 같은 서구 국가에서는 여전히 일상생활의 일기예보 등에서
화씨 온도를 사용하고 있다. 섭씨 1도는 화씨 1.8도에 해당하며, 섭씨온도와 화씨 온도의 변
환식은 아래와 같다.

$$^\circ F = 32 + (9/5)^\circ C \qquad\qquad ^\circ C = (5/9) \times (^\circ F - 32)$$

열역학의 발전에 따라 새로운 절대적인 온도의 정의가 요구되었으며, 온도의 감소에 따
라 기체의 부피가 줄어들어 "0"이 되는 온도를 절대온도 0 K(켈빈, Kelvin)로 정의하였다. 0
K는 섭씨 −273.15 $^\circ$C에 해당하며 이의 온도 간격은 섭씨온도와 동일하다. 랭킨은 동일한 방
법으로 절대온도 0 $^\circ$R(랭킨, Rankine)을 정의하고, 화씨온도의 온도 간격을 사용하는 것으
로 제안되었으나, 실제로는 거의 사용되지 않는다.

$$K = 273.15 + {}^\circ C \qquad\qquad ^\circ R = 460 + {}^\circ F = (9/5)K$$

통상적으로 실온 또는 상온(room temperature or ambient temperature)은 25 $^\circ$C를 뜻한
다. 그리고 열역학적 수치들의 표준값을 정할 때, 표준 조건(standard condition)으로 0 $^\circ$C
를 사용하기도 한다.

그 외에 실험실에서 자주 마주치게 되는 온도들은 표 2-6과 같으며, 현실적으로 용이하게
사용가능한 최저 온도는 77 K(액체질소 온도)이다.

〈표 2-6〉 대표적인 온도들

온도	내용
5.2 K	액체 헬륨 (헬륨의 끓는점)
77 K	액체 질소 (질소의 끓는점), LN2
-78 ℃	드라이아이스가 담긴 아세톤
-10℃	염이 포함된 얼음물 (어는 점 내림 현상)

2.6 압력의 단위

압력은 단위면적당 가해지는 힘의 단위이며, 보통 파스칼(Pa, N/m^2)로 표기된다. 압력은 다양한 단위가 혼재되어 사용되는데, 주로 아래와 같다.

> 1 기압(atm) = 1.013×10^5 Pa = 101.3 kPa = 760 torr = 760 mmHg
> = 1.013 bar = 1,013 mbar = 14.7 psi

지표상의 표준압력은 1기압이며, 이는 1.013×10^5 Pa 에 해당한다.

토리첼리(Torricelli)는 그림 2-10과 같은 실험을 하였는데, 수은으로 채워진 수조에 한 쪽 끝이 막힌 유리관을 넣고, 수은을 가득 채운 뒤에 뒤집었더니 수은이 760 mm 높이까지만 차 있고, 그 윗부분은 진공이 생기는 것을 확인하였다. 이로부터 760 mm 높이에 해당하는 수은의 무게를 대기압이 지탱한다는 것을 알게 되었으며, 수은 기둥의 높이로 압력을 측정할 수 있음을 알게 되었다. 토리첼리의 업적을 기려서 토르(torr)라는 단위가 생겼으며, 이는 수은 기둥의 높이를 뜻하는 mmHg와 동일한 값을 가진다. 즉 1 기압은 760 torr에 해당한다.

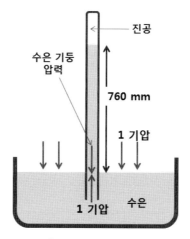

〈그림 2-10〉 토리첼리의 실험.

1 bar는 10^5 Pa이며, 보통 일기예보에서 기압의 변화를 나타낼 때는 mbar를 사용한다.

지구상의 대기압은 1기압이며, 우리는 이에 익숙하여 1기압을 느끼지 못한다. 실제 압력은 절대압력(absolute pressure)으로 부른다. 우리가 보통 계기로 측정하는 압력은 지구의 대기압에 대해 상대적인 값이 측정되므로, 사용상의 편의를 위하여 지구상의 대기압 1기압을 뺀 압력을 계기압력(gauge pressure)로 부른다. 보통 타이어에 표시된 충진압력은 계기압력을 사용한다. 표기법은 아래와 같다.

14.7 psia = 0 psig   1 bara = 0 barg

일반적으로 1 기압 이하를 진공(vacuum)이라 하며, 10^{-3} ~ 10^{-9} torr는 고진공(HV, high vacuum), 10^{-9} torr 이하는 초고진공(UHV, ultra high vacuum)이라고 부른다.

참고 문헌

1. Kenneth Butcher, Linda Crown, Elizabeth J. Gentry, "The International System of Units (SI) - Conversion Factors for General Use", National Institute of Standards and Technology, 2006. 5

2. https://ko.wikipedia.org/wiki/국제단위계

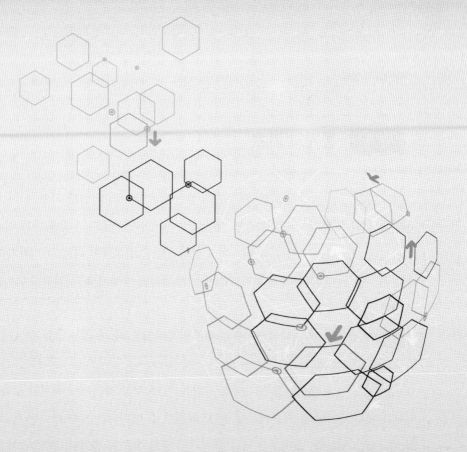

CHAPTER 3

데이터의 처리

3.1 통계의 기초

여러 가지 실험을 하게 되면, 대부분의 경우 많은 데이터를 얻게 되며, 이의 처리가 필요하다. 실험의 목적은 하나의 특정한 값을 찾는 것일 수도 있고, 실험을 통해 식을 유도해낼 수도 있다. 정확한 실험을 위해서는 여러 번의 실험을 반복해야 하며, 이러한 반복적인 실험으로부터 원하는 값들을 도출하기 위해서는 통계적인 방법에 따라 적절히 데이터를 처리해야 한다.

한 가지 값을 찾기 위해 여러 번 실험을 반복하였을 때, 우리가 구할 수 있는 값은 평균(average 또는 mean), 중간값(median), 최빈값(mode) 등이 있다. 평균은 '(전체의 합)/갯수'이며, 중간값은 데이터를 크기대로 정렬한 후, 순서상 가운데에 위치한 값을 취한다. 데이터가 홀수 개이면 한 가운데의 값을 그냥 취하고, 데이터가 짝수 개이면 한 가운데 두 값의 평균값을 취한다. 최빈값은 모든 데이터의 출현 횟수를 세어서, 가장 많이 나타난 값을 취하는 것이다. 계산 예는 아래와 같으며, 원하는 용도에 맞게 평균, 중간값, 최빈값을 적절히 사용하여야 한다.

> **예** 실험을 통한 측정값 10개가 15, 18, 20, 22, 20, 20, 19, 22, 19, 18 일 때,
> - 평균: (15 + 18 + 20 + 22 + 20 + 20 + 19 + 22 + 19 + 18)/10 = 19.3
> - 중간값: 15, 18, 18, 19, (19, 20), 20, 20, 22, 22
>   짝수 개이므로, 중간인 5번째와 6번째의 평균값은 (19 + 20)/2 = 19.5
> - 최빈값: 15(한 번), 18(두 번), 19(두 번), 20(세 번), 22(두 번)
>   가장 많이 측정된 20

평균값을 얻게 되더라도 얻어진 평균값을 얼마나 신뢰할 수 있는지에 의문이 들게 된다. 이에 대한 정보는 분산(variance)으로 알 수 있다. 단순히 데이터와 평균값과의 차이만을 더하여 평균을 내면 0이 나오므로 의미가 없다. 분산은 (+)와 (-)값이 상쇄되지 않도록 (데이터 값 − 평균)의 제곱을 모두 더한 값을 데이터 수로 나눈 값이다. 제곱을 통해 모든 값들이 양수가 되며, 분산이 작을수록 측정한 데이터 값들이 평균 근처에 몰려 있는 것을 뜻한다.

분산에 루트를 씌운 것을 표준편차(standard deviation)라고 하며, 직관적으로 판단하기

좋아 더 많이 사용한다. 표준편차 역시 값이 작을수록 측정한 데이터가 정밀한 것으로 판단할 수 있다.

예   실험을 통한 측정값 5개가 19, 20, 20, 22, 19 일 때,

- 평균: (19 + 20 + 20 + 22 + 19)/5 = 20

- 평균으로부터 오차의 합의 평균: {(-1) + 0 + 0 + 2 + (-1)}/5 = 0

- 분산: {(-1)^2 + (0)^2 + 0^2 + (+2)^2 + (-1)^2}/5= 1.2

- 표준편차: $\sqrt{(1.2)}$ = 1.095

실험을 통한 측정값 5개가 18, 20, 20, 24, 18 일 때,

- 평균: (18 + 20 + 20 + 24 + 18)/5 = 20

- 분산: {(-2)^2 + (0)^2 + 0^2 + (+4)^2 + (-2)^2}/5= 4.8

- 표준편차: $\sqrt{(4.8)}$ = 2.191

수학적 연산을 해 보면 아래의 식이 성립함을 알 수 있으며, 분산의 계산을 보다 편하게 할 수 있다.

분산 = {(데이터 값 − 평균)의 제곱}의 평균 = 제곱의 평균 − 평균의 제곱

실제 분산의 계산은 앞의 설명보다 다소간 복잡하며, 모집단이 있고 이의 일부를 샘플링한 데이터의 분산을 구할 때는 나누는 값으로 데이터 수가 아니고, (데이터 수 - 1)을 사용하는데, 이는 s^2으로 표기한다. 이는 보다 복잡한 설명을 필요로 하므로, 여기에서는 얻어진 데이터를 모집단으로 가정한 경우에 대하여 설명하였으며, 이는 σ^2으로 표기한다. 표준편차 역시 두 가지 경우로 나누어지며 각각 s와 σ로 표기한다.

앞에서 설명한 모든 값들은 Excel에서 제공되는 통계 범주의 함수를 이용하면 쉽게 구할 수 있다.

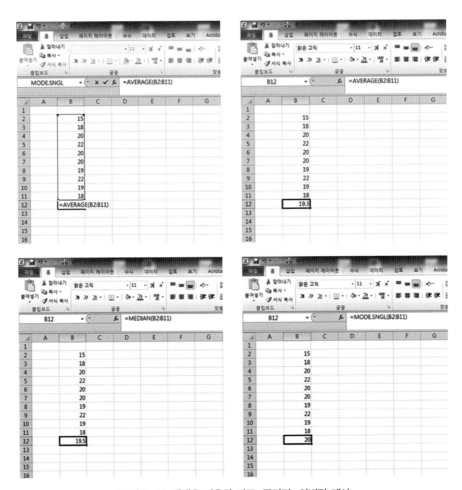

〈그림 3-1〉 엑셀을 이용한 평균, 중간값, 최빈값 계산.

〈그림 3-2〉 엑셀을 이용한 분산과 표준편차 계산.

3.2   오차와 정규분포

오차는 그 원인을 규명할 수 있는 계통적 오차와 원인규명이 불가능한 우연오차로 나누어진다. 계통적 오차는 인위적으로 조절이 가능하나, 우연오차의 발생은 막을 수 없다.

계통적 오차에는 부정확한 기구 또는 장치를 사용하는데서 오는 오차, 기구나 장치의 조작상의 부주의에서 오는 오차, 실험하는 사람의 고정된 습관에 의해 발생하는 오차, 장치의 조작 미숙에 의한 오차 등이 있다.

우연오차는 확률분포에 따라 측정된 값들이 정규분포곡선을 보이는 경우를 나타낸다.

정규분포 곡선은 그림 3-3과 같으며, 평균이 μ, 표준편차가 σ인 모집단으로부터 여러 개의 샘플 데이터를 추출하였을 때, 추출한 데이터의 95 %의 값은 $(\mu - 1.96\sigma) \sim (\mu + 1.96\sigma)$의 사이에 위치하게 된다. 이를 다르게는 95 % 신뢰구간이라고 한다. 99 % 신뢰구간은 $(\mu - 2.58\sigma) \sim (\mu + 2.58\sigma)$이 된다.

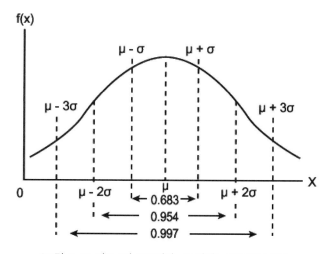

〈그림 3-3〉 평균 μ와 표준편차 σ를 가지는 정규분포 곡선.

3.3 유효 숫자

눈금이 1 ℃ 간격으로 새겨진 온도계로 기온을 측정하여 28.7 ℃라고 읽었다면, 유효숫자
는 3자리이며, 눈대중으로 읽은 마지막 0.7 도 유효숫자로 간주한다. 어떤 값을 표기할 때는
유효숫자에 주의하여야 하며, 표 3.1에 이를 나타내었다. 1.20×10^5과 1.2×10^5과 120000
은 동일한 값처럼 보이지만 정확도 측면에서 큰 차이가 있다.

〈표 3-1〉 숫자 표현에 따른 유효숫자의 개수

숫 자	유효숫자의 개수
29	2
28.7	3
0.00102	3
1.20×10^5	3
1.2×10^5	2
120000	알 수 없음

유효숫자 개념이 있는 값의 계산을 할 경우에는, 계산결과도 유효숫자를 고려하여 표기
하여야 한다.

3.1 (유효숫자 2개) + 5.456 (유효숫자 4개) = 8.556 = 8.6
5.456 (유효숫자 4개) − 3.1 (유효숫자 2개) = 2.356 = 2.4

위 덧셈의 경우에는 3.2에서 소수점 1자리까지만 유효하므로, 두 수를 더한 값에서 소수
점 두 자리 이하를 표기하는 것은 부적절하며, 반올림을 하여 소수점 첫째자리까지만 표기
하여야 한다. 이는 뺄셈의 경우에도 동일하다.

3.1 (유효숫자 2개) × 5.456 (유효숫자 3개) = 16.9136 = 17
5.456 (유효숫자 4개) ÷ 3.1 (유효숫자 2개) = 1.76 = 1.8

곱셈과 나눗셈의 답은 유효숫자가 적은 쪽과 같은 개수의 유효숫자를 가진다.

3.4   엑셀을 이용한 데이터의 처리

여러 가지 실험이나 통계자료 작성의 경우, 독립변수 x의 변화에 따른 종속변수 y의 값을 그래프 상에 표현하는 경우가 많다. 데이터를 x-y 그래프로 보게 되면, 직관적으로 이해하기에 쉽지만 이를 활용하기에는 어려움이 있다. 활용성을 높이기 위해서는 x-y 그래프 상에 표시된 데이터들에 대해 일정한 추세선을 가정하고, 이의 관계식을 얻는 것이 좋으며, 일단 추세선의 방정식이 확보되면, 이후에는 임의의 x값에 대한 y값의 추정이 가능하다. 엑셀 프로그램을 이용하면, 앞에서 설명한 작업들을 간단히 수행할 수 있으며, 이러한 데이터의 처리는 최소자승법(Least square method) 등의 통계학적 방법에 기초한다.

◢ **Example**

온도에 따라 전압이 변화하는 열전쌍(thermocouple)을 이용하여, 5개의 온도에서 발생하는 전압을 측정하였다. 이들 데이터의 x-y 그래프를 그리고 선형 추세선의 방정식을 구하시오. 이후에 체온을 측정하여 전압이 1.18 mV가 측정되었다면, 체온은 몇 도인지 추세선 방정식을 이용하여 구하시오.

전압 (mV)	0.00	0.75	1.61	2.40	3.21
온도 (℃)	0	19	42	60	79

엑셀의 워크시트에 주어진 데이터를 입력한다. 전압을 이용하여 온도를 알아낼 것이므로, 전압을 독립변수인 x로 사용하고 온도를 종속변수인 y로 사용한다.

설명에 사용한 엑셀은 Excel 2010 버전이며, 다른 버전에서도 유사한 메뉴를 사용하므로 적용 방법은 동일할 것이다.

주어진 데이터에서 x-y 그래프를 그릴 범위를 선택하고, 메뉴에서 삽입 〉 차트 〉 분산형을 선택한다. x-y 그래프를 그릴 때는 항상 '분산형 차트'를 사용한다. 분산형 차트에도 5 가지 종류가 있는데, 지금은 값을 점으로만 표현한 것을 선택하는 것이 보기에 적당하다. 이를 선택하면 아래와 같이 전압이 x축이고, 온도가 y축인 차트가 그려진다.

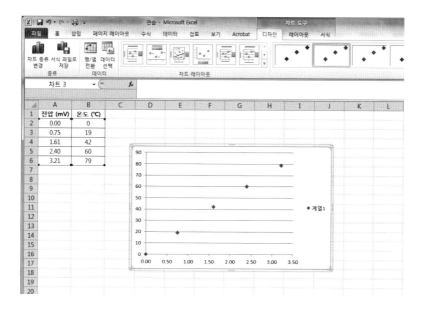

차트에서 데이터 점을 선택하고, 마우스를 우클릭하면 추세선 메뉴를 찾을 수 있다.

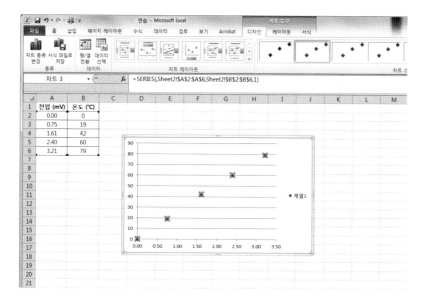

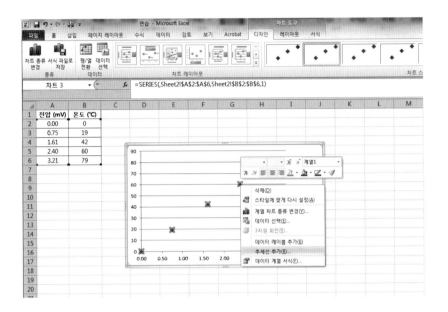

추세선 추가 메뉴를 클릭하면 추세선 서식창이 열리며, 여기에서 여러 가지를 설정할 수 있다. 추세선 유형은 지수, 선형, 로그, 다항식, 거듭제곱, 이동 평균 등 상황에 맞게 설정할 수 있으며, 여기에서는 문제에서 제시한 선형 추세선을 사용한다. 맨 아래쪽을 보면 3가지 선택사항이 있다.

'절편(S)='으로 된 항목은 추세선을 그을 때, y 절편값을 임의로 지정해 주는 것이다. 만약 y 절편값을 임의로 지정하지 않으면, 추세선의 방정식에서 제시된 y 절편값을 사용하게 된다. 특별한 경우를 제외하면 y 절편값은 지정하지 않는다.

'수식을 차트에 표시' 항목은 추세선의 방정식을 차트 위에 표시한다.

'R-제곱값을 차트에 표시' 항목은 최소자승법에서 나오는 R^2의 값을 추세선에 표시한다. R^2값은 0~1 사이의 값을 가지며, 측정된 모든 데이터 점이 추세선 위에 존재한다면 R^2값이 1이 되고, 이는 데이터 점과 추세선 식이 100 % 일치함을 뜻한다. 즉, R^2값이 1에 가까울수록 추세선 식이 데이터 점과의 일치도가 높음을 뜻한다.

이처럼 추세선 서식을 정하고, 닫기를 누르면 차트 위에 추세선이 직선으로 추가되고, 또한 추세선과 관련된 항목들이 아래와 같이 표시된다. 이로부터 추세선의 식을 알 수 있으며, 또한 R^2=0.999로부터 데이터와 추세선의 일치도가 높음을 알 수 있다.

추세선 식: y = 24.662x + 0.689

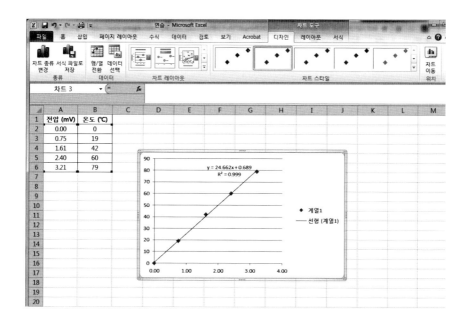

구한 추세선 식에 측정한 체온의 전압을 대입하면, 29.79가 얻어지며, 우리가 최초에 사용한 온도 데이터가 소수점 이하는 사용하지 않았으므로, 계산값은 30 ℃로 표현하는 것이 적절하다.

24.662×(1.18) + 0.689 = 29.79, 그러므로 측정된 체온은 30℃

차트를 보기 좋게 표시하기 위해서는 차트 제목, x축 제목, y축 제목을 표기해주는 것이 좋다. 차트창을 선택한 상태에서 메뉴의 차트 도구 〉 레이아웃 〉 차트 제목에서 원하는 형태를 선택한다. x축의 제목을 입력하려면 동일하게 메뉴의 차트 도구 〉 레이아웃 〉 축 제목 〉 기본 가로 축 제목 〉 축 아래 제목을 선택한다. y축의 제목을 입력하려면 동일하게 메뉴의 차트 도구 〉 레이아웃 〉 축 제목 〉 기본 세로 축 제목 〉 제목 회전을 선택한다.

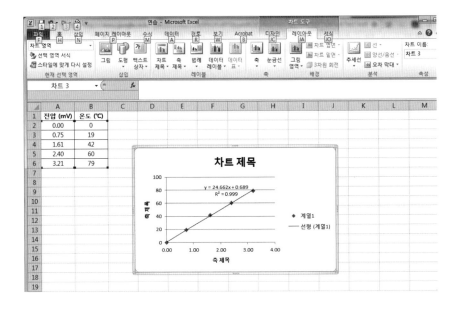

각각의 항목에 적절한 내용을 입력하고, 차트 서식을 다듬으면 아래와 같이 깔끔한 차트를 만들 수 있다. 차트의 서식을 다듬으려면 수정을 원하는 부분을 클릭하여 해당 수정항목의 서식창이 뜨면 그 안의 내용을 적절히 수정하면 된다. 차트 서식으로는 차트 영역 서식, 그림 영역 서식, x축 서식, y축 서식, 눈금선 서식, 범례 서식 등이 있다. 이러한 서식들은 차트창을 선택한 상태에서 메뉴의 차트 도구〉레이아웃의 메뉴에서도 찾을 수 있으며, 생성, 수정, 삭제가 가능하다.

이와 같이 엑셀 프로그램에서 작성한 차트는 복사하여 한글이나 파워포인트 등에 바로 붙여넣기가 가능하므로 보고서 등의 작성에 편리하게 사용할 수 있다.

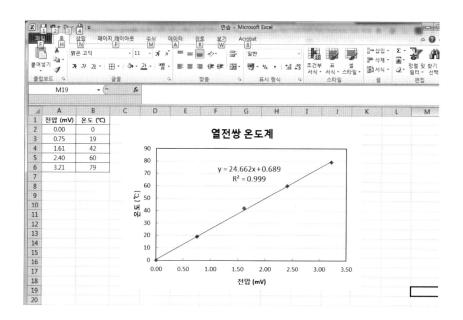

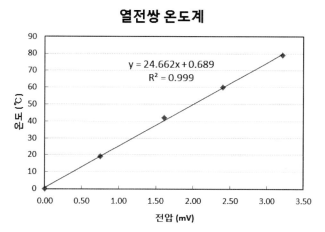

〈그림 3-4〉엑셀을 이용하여 작성한 차트.

3.5 반복 실험을 통한 신호 대 잡음비 개선

어떤 값을 측정할 때, 신호(signal)의 크기가 작고 잡음(noise)의 크기가 크면 신호가 잡음에 묻혀서 신호를 구별하기가 어려워진다. 그림 3-5는 X-ray 회절분석(XRD) 측정을 10회 반복한 것을 보여주는데, 1회에서 10회까지의 측정 결과를 보면 뚜렷한 피크를 판단하기가 쉽지 않으며, 70도 부근에서 약간의 피크가 있는 것처럼 보인다. 하지만 실험을 10회 반복한 것을 모두 합친 후 평균을 내면 맨 아래 쪽의 결과를 얻을 수 있다. 이를 보면 70도 부근에 큰 피크를 관찰할 수 있고, 또한 20도 부근에 예전에는 확인이 안 되던 작은 피크가 있음을 확인할 수 있다.

이는 신호는 항상 일정한 크기의 값을 주지만 잡음은 랜덤하게 발생하므로, 여러 번 측정하여 평균을 내면 신호는 일정한 값을 유지하고, 잡음은 큰 값과 작은 값이 상쇄되어 줄어들기 때문이다. 특히 FT-IR과 같은 장비를 이용하여 분석할 경우에는 측정 횟수를 수 백 ~ 수천 번까지 하여 신호 대 잡음비(S/N ratio)를 향상시킨다.

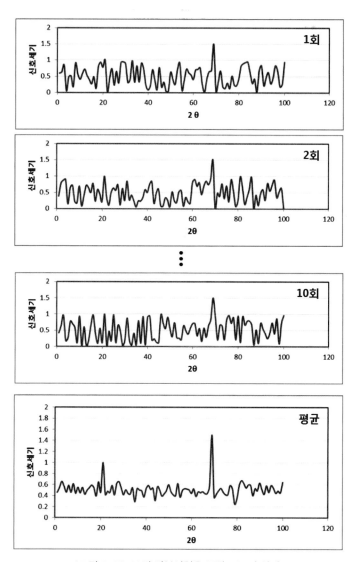

〈그림 3-5〉 10회 반복실험을 통한 S/N비 향상.

참고 문헌

1. 이정남, 김태수, "Excel 2007 활용 기초 통계학", 자유아카데미, 2008
2. 신윤경, "정량분석", 동명사, 1986

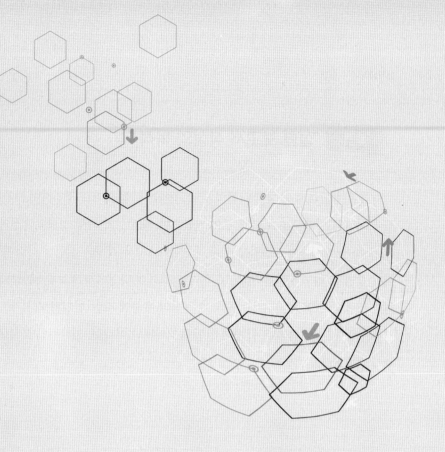

CHAPTER 4

실험 보고서 작성법

4.1 실험 보고서 작성의 목적

화학이나 물리 등의 실험을 하고 난 이후에는 실험 결과를 정리하여 보관하여야 한다. 경우에 따라서는 결과를 보고할 필요가 있으며, 대부분의 대학교 학부과정의 실험은 보고서 (Report)를 작성하여 제출하고 있다. 이러한 보고서 작성은 실험한 사람이 본인의 실험 목적과 방법, 그리고 결과를 일목요연하게 정리하여 타인에게 정보를 제공하는 것에 있다. 동일한 내용의 실험을 하더라도 보고서 작성의 수준에 따라 실험의 가치가 다르게 평가받는 경우가 많다. 이러한 것은 단순히 실험 보고서뿐만 아니라, 일반적인 조사 보고서에도 동일하게 적용된다.

4.2   실험 보고서 작성의 형식

실험 보고서는 보통 다음과 같은 구성으로 이루어진다.

① 표지(Title)
② 요약(Abstract): 생략 가능
③ 이론(Theory)
④ 실험 준비물: 생략하거나, 실험 방법과 합쳐서 작성 가능
⑤ 실험 방법(Experimental)
⑥ 결과(Result): 토의와 합쳐서 작성(Result and Discussion) 가능
⑦ 토의(Discussion)
⑧ 결론(Conclusion)
⑨ 참고문헌(References)

'표지'는 보통 그림 4-1과 같은 형식으로 작성하며, 실험의 제목을 크게 적고, 아래 부분에는 실험자의 소속 및 이름을 기입한다.

'요약'은 생략이 가능하나, 실험 보고서의 분량이 많아서 전체를 읽는데 시간이 많이 걸릴 경우에는 전체적인 내용을 1페이지 이하로 간단히 정리한 요약 부분을 맨 처음에 포함하는 것이 좋다.

'이론'은 실험과 관련된 중요한 이론들을 정리하는 것으로 'K-type 열전쌍 온도계 제작' 실험의 경우에는 열전쌍(Thermocouple)의 원리 및 응용 사례에 대해 정리하면 될 것이다. 이론의 정리에 있어서는 글자 외에 그림이나 사진 등을 활용하면 더욱 효과적이다.

'실험 준비물'은 생략 가능하며, 경우에 따라서는 실험 방법에 자연스럽게 포함시켜 작성하기도 한다.

'실험 방법'은 실험을 하는 과정 및 실험에 관련된 중요한 변수의 값 등을 정리하도록 한다. 이 역시 필요할 경우 그림이나 도면을 사용하면 더욱 효과적이다.

K-type 열전쌍 온도계 제작

학　과: 신재생에너지학과
실험조:
학　번:
이　름:

〈그림 4-1〉 실험 보고서의 표지 형식 예.

'실험 결과'는 실험을 통해서 얻은 데이터를 기록하는 것이며, 주로 표 또는 그래프 형태로 제공된다. 실험 결과 부분에서는 실험의 결과에 대한 객관적인 데이터만 제공하지, 그 결과의 의미에 대해서는 설명하지 않는다. 경우에 따라서는 결과를 제시하고 그 의미에 대한 해석도 동시에 추가하기도 하는데 이 경우에는 '결과 및 토의'로 구성한다.

'토의'는 실험 결과가 제시하는 여러 가지 의미를 설명하고, 경우에 따라서는 실험 결과를 설명할 수 있는 이론적인 근거를 제시하기도 한다. 동일한 실험 결과를 가지고 의미있는 토의를 작성하기 위해서는 보고서 작성자의 풍부한 관련 지식과 많은 고민이 필요하다. 토의 부분에는 과학적인 사실이나 이로부터 유추된 내용만 적어야 하며, 감상적인 내용은 적지 않아야 한다.

'결론'은 실험을 통해 주관적으로 도출한 내용을 결론만 간단하게 정리하는 것이다. 이는 논문의 작성에서는 필수적인 부분이나, 일반적인 대학교 학부 수준의 실험 보고서에서는 생략하여도 된다.

'참고문헌'은 이론의 정리 또는 토의의 과정에서 참고로 한 책, 논문, 웹사이트 등의 정보를 기록하는 것이다. 참고문헌의 작성 방법은 정해진 규칙이 있지는 않으나, 대부분 아래와 같은 형식으로 작성한다.

> 도서: 저자, "도서 제목", 출판사, 출판년도
> 논문: 저자, "논문 제목", 논문명, 권(호), 페이지, 게재년도
> 웹사이트: 웹사이트 주소

참고문헌을 표기한 예를 그림 4-2에 나타내었다. 본문 중에 참고문헌이 관련된 부분은 인용 표시를 하여야 하며, 이를 표기하는 방법은 [1), (1), [1] 등 여러 가지 방법이 있다. 인용한 참고문헌은 보고서를 읽을 때, 등장하는 순서대로 일련번호를 붙이도록 한다. 동일한 내용에 대한 참고문헌이 여러 개 있을 경우에는 1,2), 2~5)와 같이 표기하기도 한다.

또한 다른 소제목들에는 일련번호를 붙이지만 참고문헌 항목은 일련번호를 붙이지 않는다.

그 외에 알아두어야 할 것은 표(table)와 그림(figure)의 작성 방법이다. 사용한 표와 그림에는 반드시 일련번호와 설명(caption)이 있어야 한다. 표의 설명문은 표 상단에 적으며 마지막에 마침표를 찍지 않는다. 그림의 설명문은 그림의 하단에 적으며 마지막에 마침표를 찍는다. 그림 4-3에 이의 예를 나타내었다. 표는 표 또는 Table로 표기하며, 그림은 그림, Fig. 또는 Figure로 표기한다.

1. 이론

신재생에너지에 대한 관심의 증대에 따라 기존의 화석연료를 사용하는 자동차를 대체하기 위해 친환경 수소연료전지 자동차의 상용화가 적극적으로 추진되고 있다. 수소연료전지 자동차의 보급을 위해서는 수소충전 인프라 구축이 필수적이다. 국내의 경우 자동차용 연료로 사용되는 수소의 공급은 초기에는 부생수소를 이용하면 충분하겠지만 장기적으로는 부생수소로 그 필요량을 감당할 수 없으며, 별도로 수소를 대량 공급할 수 있는 방안이 마련되어야 한다[1].

현재 가장 현실적인 대안은 천연가스의 개질을 통한 수소의 생산이며, 그 다음으로는 물의 전기분해를 통한 수소 생산이 있다[2,3].

<중략>

4. 결론

장래의 수소전기차를 위한 수소를 충분히 공급하기 위해서는 천연가스를 이용한 개질 반응기의 효율을 높이는 것이 중요하다.

참고문헌

1. 박진남, 연료전지 개론, 한티미디어, 2015
2. 박진남, "개질 수소 정제용 PSA 공정을 위한 CO 흡착제의 성능 평가", 수소및신에너지학회 논문집, 27(6), 2016
3. https://ko.wikipedia.org/wiki/열전대

〈그림 4-2〉 참고문헌의 작성 예.

표 2. 온도에 따른 K-type 열전쌍의 기전력 측정 결과

온도 (℃)	0	19	42	60	79
전압 (mV)	0.00	0.75	1.61	2.40	3.21

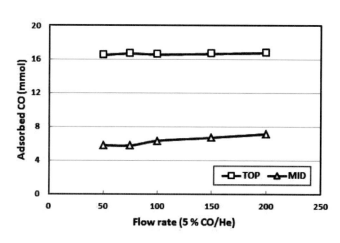

그림 7. 기체 유량에 따른 TOP과 MID의 CO 흡착량.

〈그림 4-3〉 표와 그림의 작성 예.

4.3 참고문헌의 종류

참고할 만한 지식을 얻을 수 있는 방법은 매우 다양하다. 강의 교재, 학술도서, 보고서, 학술지(Journal), 잡지(magazine), 신문, 인터넷 검색, 전문가에게 직접 문의 등의 방법이 모두 가능하며, 이는 모두 참고문헌 항목에 적을 수 있다. 적절한 참고문헌의 인용을 통해 보고서 작성자가 주장하는 내용의 신뢰도를 높일 수 있다.

강의 교재, 학술도서, 보고서는 내용상 구분이 되지만 모두 책에 해당하며, 출판은 임의로 이루어진다.

그 외에 학술지나 잡지는 정기간행물에 해당하며, 이는 매달, 격월, 분기 등 일정한 주기를 가지고 출판된다. 특히 학술지는 학술적인 내용을 제공하며, 이는 전문가의 검증을 거쳐서 게재되기에 내용의 신뢰도가 높다. 잡지는 보다 가벼운 내용들을 정리한 것이라고 생각하면 된다. 학술지에 게재되는 내용도 몇 가지로 구분되는데, 가장 일반적인 것으로는 새로운 연구 결과를 정리하여 발표하는 논문(article)이 있으며, 기존의 지식을 전문가가 전체적으로 정리하여 발표하는 총설(review)이 있다. 보통 어떤 부분에 대한 새로운 정보를 얻고자 할 때에는 잘 정리된 총설로부터 참고문헌의 조사를 시작하는 것이 좋다.

인터넷 검색의 경우에는 주로 구글(google) 등의 일반적인 검색 사이트를 통해서 다양한 정보를 얻을 수 있으며, 그 외에 wikipedia와 같은 사이트는 특정한 주제에 대한 정의 및 관련 정보를 상세하게 제공한다. 또한 구글 인터넷 검색에서 검색어 뒤에 filetype:pdf 또는 filetype:ppt와 같이 파일의 확장자를 추가로 지정하면 해당 확장자를 가지는 파일만 검색되어 자료를 찾기에 편리하다. 인터넷 검색의 예를 그림 4-4에 나타내었다.

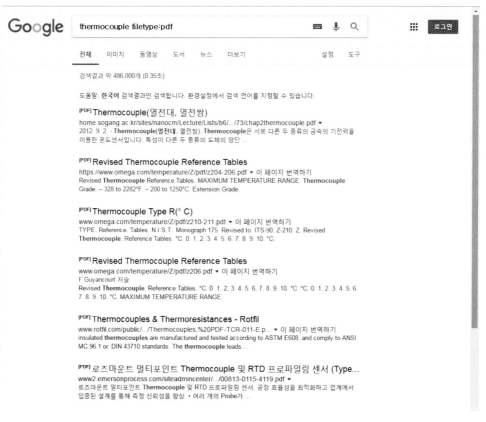

〈그림 4-4〉 filetype:pdf를 이용한 구글 검색의 예.

4.4 표절

표절(plagiarism)은 매우 심각한 범죄 행위에 해당한다. 대학교에서 학생의 표절 행위는 F학점을 받을 수 있으며, 경우에 따라서는 퇴학도 가능한 사유이다. 학계에서 표절이 적발될 경우에는 기존에 학술지에 발표한 해당 내용은 모두 취소되며, 경우에 따라서는 소속 기관으로부터 징계 또는 파면의 사유가 될 수 있다. 또한 표절한 내용으로 석사나 박사 학위를 취득하였을 경우에는 해당 학위가 취소될 수도 있다.

우리나라에서는 표절에 대해 아직도 관대한 면이 있는데, 표절의 심각성에 대한 인식이 점점 강화되고 있는 추세이다. 해외의 경우에는 표절에 대해 매우 엄격한 제제가 가해지며, 표절을 한 사람은 징계뿐만 아니라 명예에 심각한 손상을 입게 된다.

타인이 발표한 자료를 인용하면서, 이를 참고문헌에 기록하지 않으면 이도 표절에 해당한다. 또한 자기가 작성해서 발표하였던 자료라도 많은 부분을 인용하면서 원본을 참고문헌에 넣지 않으면, 이는 자기표절(self-plagiarism)이라고 하며 역시 표절에 해당한다.

참고 문헌

1. https://ko.wikipedia.org/wiki/표절

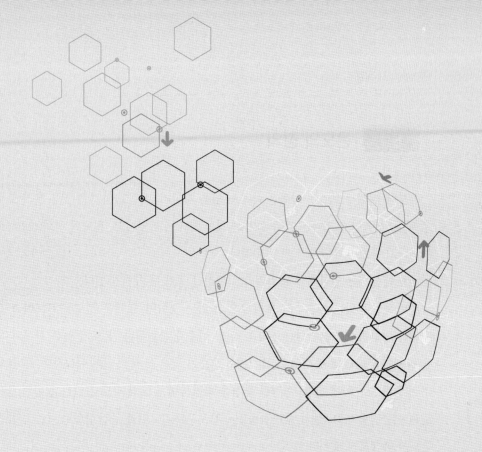

CHAPTER 5

온도의 측정

5.1   온도의 정의

온도에 대해서 모르는 사람은 아무도 없을 것이며, 뜨겁고 차가운 것을 우리 모두 구별할 수 있다. 하지만 뜨겁다는 것과 차가운 것의 차이는 무엇이고, 온도의 정의(definition)가 무엇이냐고 물으면 대답하기는 쉽지 않다.

온도의 정의는 일반적인 정의와 열역학적인 정의 두 가지가 있다.

일반적인 정의는 예전부터 우리가 알고 있는 것이며, 뜨거운 정도를 온도라고 표현한다. 우리가 일반적으로 생각하는 온도는 열의 이동과 관련된다. 온도가 높은 물체와 온도가 낮은 물체가 만나면 온도가 높은 물체에서 온도가 낮은 물체로 열이 이동하여, 두 물체의 온도가 평형에 도달하게 된다. 이러한 관점을 확장하여 온도의 척도를 만든 것이며, 섭씨온도는 물의 어는점을 0 ℃, 물의 끓는점을 100 ℃로 정하고, 이를 등간격으로 나눈 것을 기준으로 온도를 측정하는 것이다.

열역학적인 온도의 정의는 보다 학술적인 정의이며 나중에 확립되었다. 이는 열역학 식으로 아래와 같이 표현되며, 내부에너지(U)를 엔트로피(S)로 편미분한 값이다.

$$\frac{\partial U}{\partial S} = T$$

온도의 근원은 우리가 온도를 측정하는 대상의 에너지 상태를 반영하는 것이며, 우리가 측정하는 기온은 대기 중의 기체 분자들의 병진운동에너지, 회전운동에너지, 진동운동에너지가 반영된 수치이다.

5.2　온도계의 종류

온도계의 종류는 크게 접촉식과 비접촉식이 있으며, 간단히 특징을 요약하면 표 5.1과 같다.

〈표 5-1〉 온도계의 종류와 특징

측정 방식	온도계 종류	특징
접촉식	수은/알코올 온도계	간편, 파손 위험
	바이메탈 온도계	간편, 스위칭 기능
	백금저항 온도계	고가, 정밀도 높음
	서미스터 온도계	저가, 정밀도 낮음
	IC 온도계	저가, 선형성 좋음
	열전쌍 온도계	저가, 보편적으로 사용
비접촉식	광전 온도계	발열체 온도 측정 가능, 태양온도 측정
	적외선 온도계	비접촉으로 온도 측정, IR 카메라도 있음

온도계의 측정 원리에 따라 각각의 특징을 살펴보면 다음과 같다.

5.2.1　열팽창을 이용한 온도계

(1) 액체의 열팽창

수은이나 알코올이 액체 상태로 있을 때, 주변의 온도가 변화하면 이 액체의 부피가 증가하게 된다. 그림 5-1에 알코올 온도계(빨간색)와 수은 온도계(은색)를 보였으며, 또한 알코올 온도계의 구조를 나타내었다.

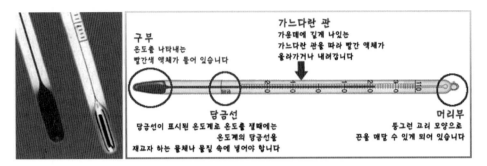

〈그림 5-1〉 수은/알코올 온도계 및 알코올 온도계의 구조.

수은 온도계는 가급적 사용하지 않는 것이 좋은데, 이는 수은 온도계가 파손되었을 경우 수은의 유출이 발생할 수 있기 때문이다. 일반적으로 알코올과 같은 유기액체를 이용한 온도계는 -100 ~ 200 ℃의 범위에서 사용이 가능하며, 수은 온도계는 -30 ~ 360 ℃ 범위에서 사용이 가능하다.

〈그림 5-2〉 일반형(좌) 및 직결형(우) 수은식 온도계.

유리관으로 만든 것 이외에 금속관 내에 수은을 집어넣어 수은의 부피 변화를 지침의 회전으로 알 수 있게 만든 부르동관식 온도계도 있다. 그림 5-2의 우측은 파이프나 용기에 직접 연결하여 내부의 온도를 측정할 수 있는 직결형 수은식 온도계의 예이다.

(2) 고체의 열팽창

고체는 온도가 높아지면 부피가 증가하게 되며, 금속은 팽창의 정도가 크다. 이러한 성질을 이용한 것이 바이메탈(bimetal) 온도계이며, 이는 열팽창 계수가 다른 두 금속판을 접합한 것이다.

바이메탈은 금속으로 구성되므로 전기전도성을 가지는데, 이 성질을 이용하여 바이메탈을 온도조절기로 사용하기도 한다. 그 원리는 그림 5-3과 같으며, 전기다리미 또는 전기 주전자 등의 온도 조절에 사용된다.

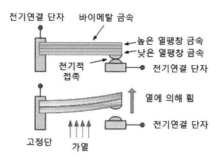

〈그림 5-3〉 바이메탈 온도조절기 원리.

이러한 바이메탈의 휘는 정도를 지침으로 표현하기 위해서 그림 5-4에 보이듯이 코일형이나 나선형 구조로 바이메탈을 만든다. 코일형 구조는 정밀도가 낮으므로 실내 온도 조절장치 등에 사용되고, 나선형은 정밀도가 높으므로 산업용으로 사용된다. 그림 5-5는 실제 사용되는 바이메탈 온도계이다.

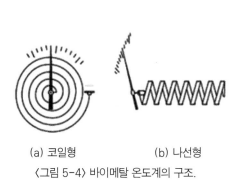

(a) 코일형   (b) 나선형
〈그림 5-4〉 바이메탈 온도계의 구조.

〈그림 5-5〉 바이메탈 온도계.

5.2.2 전기저항 변화를 이용한 온도계

전도성 물질은 온도의 변화에 따라 전기저항이 변화하게 되는데, 그림 5-6에 보이는 휘스톤 브리지(Wheatstone bridge) 회로를 이용하면 이러한 저항변화 특성을 이용하여 온도의 측정이 가능하다. 휘스톤 브리지는 그림 5-6에 보이듯이 저항 네 개를 다이아몬드 모양으로 연결한 것이다. 다이아몬드 모양의 A점과 B점으로 직류 전원을 연결하면 C측과 D측 양쪽을 통해 전류가 흐르게 된다. 이 때 $R_1/R_2 = R_a/R_b$ 이면, C점과 D점의 전압이 동일하게 되며, 이 때 C와 D 사이에서 흐르는 전류는 '0'이 된다. 경우에 따라서는 R_b로 가변 저항을 사용하여 저항값을 조절하면 더욱 정밀하게 C와 D 사이에 흐르는 전류를 '0'으로 만들 수 있다.

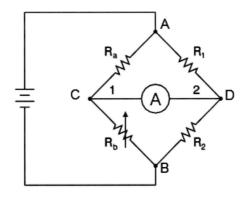

〈그림 5-6〉 휘스톤 브리지 회로.

이러한 원리를 근거로 하여, 그림 5-6의 회로에서 R_2를 외부로 확장하여 그림 5-7과 같이 R_2가 온도측정부위에 위치하도록 설치하면 휘스톤 브리지를 이용한 저항온도계(RTD, Resistance Temperature Detector)를 만들 수 있다. 가변저항은 영점의 조정에 사용이 가능하며, R_2로는 온도에 따라 저항값이 변하는 저항체를 사용하며, 저항체로는 백금선, 니켈선, 동선, 서미스터(thermistor, 세라믹저항체) 등이 사용된다.

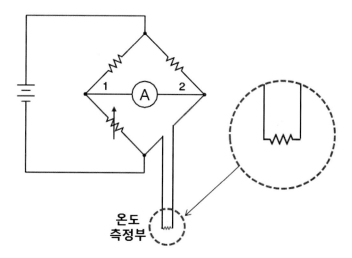

〈그림 5-7〉 휘스톤 브리지를 이용한 저항온도계.

(1) 백금저항 온도계

보통 금속저항체는 -200~500 ℃ 범위의 온도측정에 사용되며, 300 ℃ 정도라면 니켈선, 150 ℃ 이하에는 동선을 사용할 수 있다. 이러한 순금속 저항선은 온도가 높아지면 전기저항도 증대한다.

백금선은 내식성이 좋고, 전기저항이 안정되어 있으며, 온도에 의한 저항 변화도 크기 때문에 정밀한 온도 측정에 적합하다. 하지만 소재가 백금이므로 그 가격이 비싸다는 단점이 있다. 그림 5-8에 백금저항 온도계를 나타내었으며, 온도 측정이 0.01 ℃까지 가능함을 볼 수 있다.

(2) 서미스터 온도계

서미스터는 금속과 반대로 온도가 상승하면 전기 저항이 줄어든다. 서미스터의 재료로는 망간, 니켈, 코발트 등의 산화물을 사용하며 세라믹저항체의 전기저항이 온도가 상승됨에 따라 현저하게 감소하는 경향을 이용한다. 백금선의 경우와 달리 서미스터는 측정의 정밀도가 낮다. 그림 5-9에 서미스터 온도계를 나타내었으며, 온도 측정이 0.1 ℃까지 가능함을 볼 수 있다.

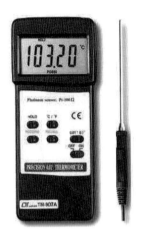

〈그림 5-8〉 백금저항 온도계.

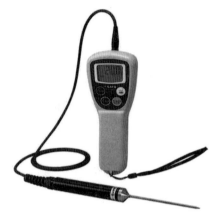

〈그림 5-9〉 서미스터 온도계.

5.2.3 P-N접합부 특성 변화를 이용한 온도계

서미스터나 열전쌍의 단점인 직선성, 감도, 기준온도 등을 보완한 것이 IC 온도계이다. 측정 원리는 온도에 따라 반도체 P-N접합부의 전류전압특성이 변하는 것을 이용한 것으로 전압출력형과 전류출력형이 있다. 체온계로 많이 사용되고 있다.

〈그림 5-10〉 IC 온도계.

5.2.4 제벡 효과를 이용한 온도계

두 가지의 서로 다른 금속선을 접합하였을 때 두 접점의 온도가 다르면 열기전력이 생겨서 회로에 전류가 흐르는데, 이를 제벡 효과(Seebeck effect)라고 한다. 이를 위해 사용하는 두 가지의 금속선을 열전쌍(thermocouple) 또는 열전대라고 부른다. 열전쌍의 열기전력은 열전쌍을 구성하는 금속선의 종류와 두 접점의 온도에 따라 변하며, 금속선의 굵기나 길이와는 무관하다.

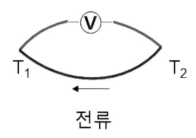

〈그림 5-11〉 제벡 효과.

그림 5-11과 같은 열전쌍에서 한쪽의 접점을 일정한 온도로 유지하면 열기전력은 다른 접점의 온도에 따라 변화하며, 이 때 접점의 온도와 열기전력과의 관계를 파악하면, 이를 온도계로 사용할 수 있다.

두 접점 중에서 온도 측정에 사용하는 열전쌍의 접점을 측온접점이라고 하며, 다른 접점은 일정한 기준온도로 유지하기 때문에 기준접점이라고 한다. 그림 5-12와 같이 구성하면 열전쌍을 이용한 온도계를 만들 수 있으며, 기준온도로는 0 ℃ 얼음물을 사용한다. 실제 상업용 열전쌍 온도계를 사용할 때는 얼음물을 사용하는 것이 번거로우므로, 이에 해당하는 전기 보상회로를 사용하여 이를 대체하도록 한다. 그림 5-13에는 열전쌍과 열전쌍 온도계의 예를 보였다.

열전쌍 온도계의 특징은 다음과 같다.

1. 빠른 응답 속도로 비교적 시간 지연이 적음
2. 넓은 범위의 온도 측정이 가능하며, 적절한 열전쌍의 선택으로 다양한 온도 범위에서

측정이 가능함

3. 특정 점 또는 작은 공간의 온도측정이 가능

4. 온도가 기전력으로 감지되므로, 측정, 조정, 증폭, 조절, 변환 및 다른 데이터와도 쉽게 처리 가능

5. 다른 온도센서와 비교하여 가격이 저렴하고 쉽게 이용이 가능함

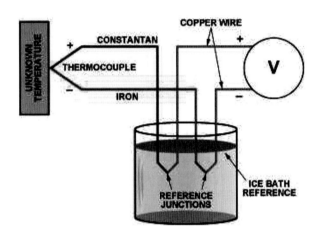

〈그림 5-12〉 얼음물 기준접점을 이용한 열전쌍 온도계.

그림 5-13에는 열전쌍 온도계의 예를 보였으며, 온도를 측정하는 열전쌍 부위는 온도계에 연결하여 사용하도록 되어 있다. 열전쌍 온도계는 튼튼하고, 사용이 간편하며, 기전력을 이용한 데이터 처리 및 제어가 가능하므로 산업용으로 가장 널리 사용되고 있다.

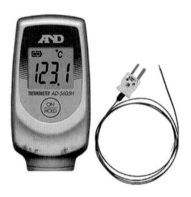

〈그림 5-13〉 열전쌍 온도계 및 열전쌍.

열전쌍은 무수히 많은 종류가 있으며, 그 중 K-type(크로멜-알루멜, Chromel-Alumel)은 저가형으로 가장 보편적으로 사용되고, Rtype(백금로듐-백금, PtRh-Pt)은 높은 정밀도를 요구하는 곳에 사용된다. 표 5-2에는 여러 가지 열전쌍의 특징을 나타내었다.

〈표 5-2〉 열전쌍의 종류와 사용 온도 범위

종류	열전쌍 조합		온도범위 (℃)
	(+)	(−)	
B	70 % Pt + 30 % Rh	94 % Pt + 6 % Rh	600 ~ 1,700
R	87 % Pt + 13 % Rh	100 % Pt	0 ~ 1,600
S	90 % Pt + 10 % Rh	100 % Pt	0 ~ 1,600
K	Chromel(크로멜) [90 % Ni + 10 % Cr]	Alumel(알루멜) [95 % Ni + 2 % Mn + 2 % Al + 1 % Si]	0 ~ 1,200
E	Chromel(크로멜) [90 % Ni + 10 % Cr]	Constantan(콘스탄탄) [55 % Cu + 45 % Ni]	0 ~ 800
J	99.5 % Iron	Constantan(콘스탄탄) [55 % Cu + 45 % Ni]	0 ~ 750
T	100 % Copper	Constantan(콘스탄탄) [55 % Cu + 45 % Ni]	0 ~ 350
N	Nicrosil(니크로실) [84 % Ni + 14.2 % Cr + 1.45 % Si]	Nisil(니실) [95 % Ni + 4.4 % Si + 0.15 % Mg]	0 ~ 1,250

여러 가지 열전쌍의 온도에 따른 열기전력을 그림 5-14에 나타내었으며, 대부분 선형성을 가지는 것을 알 수 있다. 가장 널리 쓰이는 K-type 열전쌍의 온도에 따른 열기전력(얼음물 기준전극 사용)은 표 5-3에 나타내었다.

〈표 5-3〉 K-type 열전쌍의 온도에 따른 열기전력

온도 (℃)	전압 (mV)	온도 (℃)	전압 (mV)	온도 (℃)	전압 (mV)	온도 (℃)	전압 (mV)	온도 (℃)	전압 (mV)	온도 (℃)	전압 (mV)	온도 (℃)	전압 (mV)
-195	-5.68	55	2.23	305	12.42	555	22.99	805	33.5	1055	43.44	1305	52.64
-190	-5.60	60	2.43	310	12.63	560	23.20	810	33.7	1060	43.63	1310	52.81
-185	-5.52	65	2.64	315	12.83	565	23.42	815	33.9	1065	43.83	1315	52.99
-180	-5.43	70	2.85	320	13.04	570	23.63	820	34.1	1070	44.02	1320	53.16
-175	-5.34	75	3.05	325	13.25	575	23.84	825	34.3	1075	44.21	1325	53.34
-170	-5.24	80	3.26	330	13.46	580	24.06	830	34.5	1080	44.40	1330	53.51
-165	-5.14	85	3.47	335	13.67	585	24.27	835	34.7	1085	44.59	1335	53.68
-160	-5.03	90	3.68	340	13.88	590	24.49	840	34.9	1090	44.78	1340	53.85
-155	-4.92	95	3.89	345	14.09	595	24.70	84	35.1	1095	44.97	1345	54.03
-150	-4.81	100	4.10	350	14.29	600	24.91	850	35.34	1100	45.16	1350	54.20
-145	-4.70	105	4.31	355	14.50	605	25.12	855	35.54	1105	45.35	1355	54.37
-140	-4.58	110	4.51	360	14.71	610	25.34	860	35.75	1110	45.54	1360	54.54
-135	-4.45	115	4.72	365	14.92	615	25.55	865	35.95	1115	45.73	1365	54.71
-130	-4.32	120	4.92	370	15.13	620	25.76	870	36.15	1120	45.92	1370	54.88
-125	-4.19	125	5.13	375	15.34	625	25.98	875	36.35	1125	46.11		
-120	-4.06	130	5.33	380	15.55	630	26.19	880	36.55	1130	46.29		
-115	-3.92	135	5.53	385	15.76	635	26.40	885	36.76	1135	46.48		
-110	-3.78	140	5.73	390	15.98	640	26.61	890	36.96	1140	46.67		
-105	-3.64	145	5.93	395	16.19	645	26.82	895	37.16	1145	46.85		
-100	-3.49	150	6.13	400	16.40	650	27.0	900	37.36	1150	47.04		
-95	-3.34	155	6.33	405	16.61	655	27.2	905	37.56	1155	47.23		
-90	-3.19	160	6.53	410	16.82	660	27.5	910	37.76	1160	47.41		
-85	-3.03	165	6.73	415	17.03	665	27.7	915	37.96	1165	47.60		
-80	-2.87	170	6.93	420	17.24	670	27.9	920	38.16	1170	47.78		
-75	-2.71	175	7.13	425	17.46	675	28.1	925	38.36	1175	47.97		
-70	-2.54	180	7.33	430	17.67	680	28.3	930	38.56	1180	48.15		
-65	-2.37	185	7.53	435	17.88	685	28.5	935	38.76	1185	48.34		
-60	-2.20	190	7.73	440	18.09	690	28.7	940	38.95	1190	48.52		
-55	-2.03	195	7.93	445	18.30	695	28.9	945	39.15	1195	48.70		
-50	-1.86	200	8.13	450	18.51	700	29.1	950	39.35	1200	48.89		
-45	-1.68	205	8.33	455	18.73	705	29.4	955	39.55	1205	49.07		
-40	-1.50	210	8.54	460	18.94	710	29.6	960	39.75	1210	49.25		
-35	-1.32	215	8.74	465	19.15	715	29.8	965	39.94	1215	49.43		
-30	-1.14	220	8.94	470	19.36	720	30.0	970	40.14	1220	49.62		
-25	-0.95	225	9.14	475	19.58	725	30.2	975	40.34	1225	49.80		
-20	-0.77	230	9.34	480	19.79	730	30.4	980	40.53	1230	49.98		
-15	-0.58	235	9.54	485	20.01	735	30.6	985	40.73	1235	50.16		
-10	-0.39	240	9.75	490	20.22	740	30.8	990	40.92	1240	50.34		
-5	-0.19	245	9.95	495	20.43	745	31.0	995	41.12	1245	50.52		
0	0.00	250	10.16	500	20.65	750	31.2	1000	41.31	1250	50.69		
5	0.20	255	10.36	505	20.86	755	31.4	1005	41.51	1255	50.87		
10	0.40	260	10.57	510	21.07	760	31.7	1010	41.70	1260	51.05		
15	0.60	265	10.77	515	21.28	765	31.9	1015	41.90	1265	51.23		
20	0.80	270	10.98	520	21.50	770	32.1	1020	42.09	1270	51.41		
25	1.00	275	11.18	525	21.71	775	32.3	1025	42.29	1275	51.58		
30	1.20	280	11.39	530	21.92	780	32.5	1030	42.48	1280	51.76		
35	1.40	285	11.59	535	22.14	785	32.7	1035	42.67	1285	51.94		
40	1.61	290	11.80	540	22.35	790	32.9	1040	42.87	1290	52.11		
45	1.81	295	12.01	545	22.56	795	33.1	1045	43.06	1295	52.29		
50	2.02	300	12.21	550	22.78	800	33.3	1050	43.25	1300	52.46		

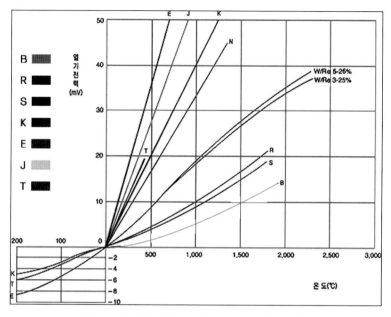

〈그림 5-14〉 여러 가지 열전쌍의 온도에 따른 열기전력.

5.2.5 방사 열에너지 측정을 이용한 온도계

모든 물체는 열을 방사하며, 물체 표면에서 방사되는 열에너지는 그 표면 온도에 따라 다르다. 이것을 이용해서 물체의 표면 온도를 측정하는 것을 방사 온도계(Radiation thermometer)라고 한다. 방사 온도계는 비접촉식 온도계로서 직접 대상에 접촉하지 않고도 온도의 측정이 가능한 장점이 있다.

(1) 광전 온도계(Pyrometer)

고온 물체는 열을 방사하며, 발열체의 경우 색깔이 적색 < 황색 < 백색 < 청색의 순으로 온도가 높다. 광전 온도계는 보통 1,000℃ 이상의 고온을 측정하는 데 사용하며, 용광로의 쇳물온도, 불꽃의 온도 등의 측정에 사용된다. 태양의 표면 온도가 약 6,000 K라고 알려져 있는 것도 광전 온도계로 측정한 결과이다. 그림 5-15에 광전 온도계를 보였으며, 광전 온도계는 고온 적외선 온도계로 표현하기도 한다.

(2) 적외선 온도계(IR thermometer)

모든 물체는 적외선을 방출하며, 이 적외선의 에너지 수준을 감지하여 온도의 측정이 가능하다. 적외선 온도계는 대부분 온도 측정 위치에 레이저를 쏘게 되어 있는데, 이 레이저는 온도 측정 자체와는 무관하며 단지 적외선 온도 감지기가 정확한 방향으로 위치하였는지를 알려주는 지표로 사용되는 것이다. 적외선 온도계는 단순히 어떤 지점의 온도만을 측정하는 것이 아니고, 적외선 카메라 형태로 특정한 영역의 온도를 측정할 수도 있으며, 시간의 경과에 따른 온도 변화를 영상으로 촬영하는 것도 가능하다.

그림 5-16에 적외선 온도계를 보였다.

〈그림 5-15〉 광전 온도계.

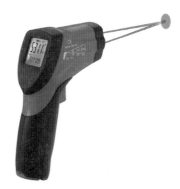

〈그림 5-16〉 적외선 온도계.

〈그림 5-17〉 적외선 영상.

참고 문헌

1. https://ko.wikipedia.org/wiki/온도

2. http://blog.naver.com/PostView.nhn?blogId=iotsensor&logNo=220299059702

3. http://happy8earth.tistory.com/434

4. http://blog.naver.com/icwj2010/400030663592

실험 1	K-type 열전쌍 온도계의 제작

■ **실험 준비물**

K-type 열전쌍 20 cm, 300 ml 비커 2개, 알콜 온도계 1개, 빨간색과 검은색 전선 각각 20 cm, 얼음, 끓는 물, 전압계(멀티미터), 공구류(라디오 펜치, 니퍼 등)

■ **실험 방법**

① 공구를 이용하여 K-type 열전쌍의 피복을 벗기고, 양 끝의 크로멜(+)과 알루멜(−) 선이 노출되도록 한다. (크로멜은 전선은 빨간색 피복, 알루멜 전선은 파란색 피복)

② 한 쪽의 크로멜과 알루멜 선을 꼬아서 '측정 접점'을 만든다.

③ 비커에 물과 얼음을 넣고, 온도가 0 ℃가 될 때까지 기다린다.

　(다소간 시간이 소요되므로 이 단계를 가장 먼저 하는 것이 좋음)

④ 반대쪽 크로멜과 알루멜 선에 빨간색 전선과 검은 색 전선을 꼬아서 연결한다.

⑤ 전선과 연결된 크로멜 및 알루멜 선의 접점을 얼음물에 담가서 '기준 접점'을 만든다.

　(두 접점이 접촉하지 않도록 주의)

⑥ 나머지 비커에 얼음, 상온의 물, 끓는 물을 이용하여 원하는 온도를 만든다.

　(화학 실험이 아니므로, 증류수를 사용하지 않아도 됨)

⑦ 그림 1에 보이는 것과 같이 측정 접점을 원하는 온도로 맞춰진 비커에 담고, 전압계를 이용하여 열기전력을 측정한다. (측정 온도는 0, 20, 40, 60, 80 ℃의 다섯 포인트를 사용하며, 온도를 정확하게 맞추는 것보다, 온도의 측정을 정확하게 하는 것이 중요함)

　− 0 ℃의 열기전력을 측정할 때에는 측정 접점을 기준 접점과 닿지 않게 하면서 기준 접점 비커에 담그는 것이 편리함.

⑧ 손으로 측정 접점을 잡아서, 체온을 측정하였을 때의 열기전력을 측정한다.

⑨ 얻어진 데이터를 이용하여 엑셀로 x-y 그래프를 그리고, 선형 추세식을 구하여서 전압의 변화에 따른 온도의 상관 관계식을 구한다. (온도 = a x 전압 + b)

⑩ 앞에서 구한 상관 관계식을 이용하여, 측정한 체온을 계산한다.

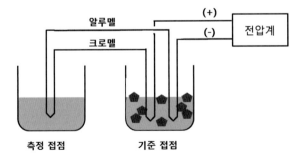

그림 1. K-type 열전쌍을 이용한 열전쌍 온도계의 구성.

표 1. K-type 열전쌍의 온도 변화에 따른 열기전력

측정 온도[a](℃)	측정 전압(mV)	이론 전압[b](mV)	오차(mV)

a. 온도는 소수점 이하는 측정하지 않고, 일의 자리까지 반올림하여 측정함.

b. 이론 전압은 표 5-3으로부터 계산할 수 있음.

그림 2. K-type 열전쌍의 열기전력(x)과 온도(y) 그래프 및 선형추세선.

전압과 온도의 관계식: 온도 = (　　　　　) ×전압 + (　　　　　)

상관계수: R^2 =

측정한 손바닥의 온도: 　　　　　℃

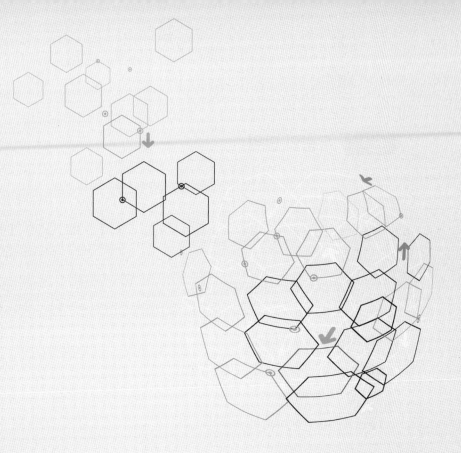

CHAPTER 6

유량의 측정

6.1   유량의 단위

유량(flow rate)은 우리 주변에서 흔히 사용되는 단위이며, 주로 기체나 액체가 단위 시간 동안에 얼마나 지나갔는지 알려준다. 유량의 단위는 크게 세 가지로 나누어진다.

① 부피 유량(Volumetric flow rate)

　　[부피]/[시간]: ml/min, cc/min, liter/hr, SCCM 등

② 질량 유량(Mass flow rate)

　　[질량]/[시간]: mg/min, kg/min, kg/hr 등

③ 몰 유량 (Molar flow rate)

　　[몰]/[시간]: g-mol/min, kg-mol/min 등

부피 유량에서 SCCM은 흔히 사용되는데 standard cubic centimeter per minute의 줄임말이며, SLPM은 standard liter per minute의 줄임말이다. 유체의 종류가 결정되면 위의 세 유량은 서로 변환이 가능하다.

예 질량 유량 = 부피유량 × 밀도　　$\left(\dfrac{[질량]}{[시간]} = \dfrac{[부피]}{[시간]} \times \dfrac{[질량]}{[부피]} \right)$

6.2 유량 측정계의 종류

유량을 측정하는 방법은 다양하며, 따라서 유량 측정계의 종류도 매우 다양하다.

유량 측정계의 종류는 크게 기계식, 전자식 등으로 나누어지며, 유량 산출을 위한 측정량으로는 차압(압력 차이), 동압(미는 힘), 운동자의 회전수, 유도된 전기, 초음파의 전달시간, 와류 발생 주파수, 온도 변화, 코리올리 힘 등이 있다.

〈표 6-1〉 유량계의 종류와 특징

유량계 종류	측정 원리	특징
차압식 유량계	오리피스 전후의 차압	역사가 오래되며, 간단
가변면적 유량계	유체의 미는 힘	간편하고 저렴
용적식 유량계	운동자 회전수당 이동 부피	정확, 고점도 유체에 적합
전자 유량계	유도 전기	전도성 유체만 측정
초음파 유량계	초음파의 전달 시간	유체와 비접촉
와류 유량계	와류 발생 주파수	압력 손실이 적음
터빈 유량계	터빈 회전수당 통과 부피	구조가 간단
질량 유량계	온도 변화, 코리올리 힘	가장 정확하며 고가

6.2.1 차압식 유량계

차압식 유량계 (Differential Pressure Flow Meter)는 오래 전부터 널리 사용된 유량계이며, 구조가 간단하여 신뢰성 및 내구성이 높다. 또한 사용된 역사가 오래되어 많은 관련 자료가 축적된 만큼 적용범위가 매우 넓다. 하지만 근래에 와서는 다른 정밀한 유량계의 발전으로 그 사용 비중이 감소하고 있다.

작동 원리는 유로와 수직한 방향으로 오리피스(orifice)와 같은 구멍을 가진 판을 설치하여 유체의 흐름이 오리피스를 통해 진행되도록 한다. 그림 6-1에 보이듯이 유체가 오리피스를 통과하면서 걸리는 저항 때문에 오리피스 이전보다 이후의 유체 압력이 낮아지게 되는데, 유체의 속도와 오리피스 전후의 차압과의 상관 관계식으로부터 유량을 계산할 수 있게 된다. 그림 6-2는 실제로 설치된 차압식 유량계의 모습으로 오리피스 전후의 차압을 계산하여 유량을 바로 표시해 주고 있다.

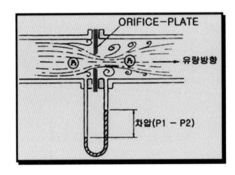

〈그림 6-1〉 차압식 유량계 원리.

〈그림 6-2〉 차압식 유량계.

6.2.2 가변면적 유량계

가변면적 유량계(Variable Area Flow Meter, Rotameter, 로타미터)는 수직으로 된 테이퍼관(관의 지름이 위쪽으로 갈수록 선형으로 증가) 속에 움직일 수 있는 부유물체가 위치하여, 유량에 따라 이의 높이가 달라지는 것으로 유량을 측정한다. 구조를 보면 관 내부에는 부유물체(Float, 보통은 구슬 형태임)가 있으며, 관 외부에는 눈금이 새겨져 있다. 부유물체로는 플라스틱 플로트, 금속 플로트 등이 사용된다.

측정원리는 그림 6-3에 보이듯이 플로트의 중량에서 부력에 의한 중량 감소를 뺀 중량과 유체에 의하여 플로트를 위로 올리려는 힘의 평형 지점에서 플로트가 정지하는데, 이 지점에서의 눈금을 읽어서 유량으로 환산하면 된다. 보통은 측정을 목표로 하는 기체의 유량을 바로 알 수 있도록 눈금이 매겨져서 판매되며, 사용하는 기체의 종류가 바뀌면 눈금과 유량이 일치하지 않으므로 이를 보정하여 사용하여야 한다. 그림 6-4는 시판되는 가변면적 유량계이다.

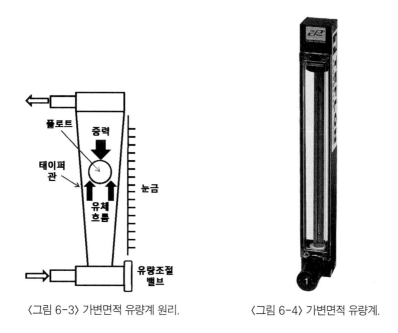

〈그림 6-3〉 가변면적 유량계 원리.   〈그림 6-4〉 가변면적 유량계.

가변면적 유량계를 사용할 때는 유체의 특성에 따라 플로트, 관 등의 재질 선정에 유의하여야 한다. 적용 가능한 유체는 액체, 기체, 증기 등이며 이물질이 많은 유체의 유량 측정에는 부적합하다. 공업용 유량계로서의 역사가 길며, 가격이 비교적 저렴하여 현장에서 많이 사용된다. 하지만 정확도는 약 2~4% 정도로 낮다.

6.2.3 용적식 유량계

용적식 유량계(Positive Displacement Flow Meter)의 원리는 유량계 내부의 운동자(기어나 로브 등)가 흐르고 있는 유체 자체가 가지고 있는 힘에 의하여 운동을 하며, 이 운동자의 회전수를 측정하여 유체의 부피를 측정하는 것이다. 따라서 이 경우 직접 측정하는 변수는 부피가 아니고 운동자의 회전수이며, 회전수 당 공간으로부터 배출되는 부피를 알고 있으면 부피 유량을 정확하게 계산하여 측정할 수 있다. 용적식 유량계의 구조와 작동원리는 그림 5-5에 나타내었으며, 그림 5-6는 시판되는 용적식 유량계의 사진이다.

용적식 유량계는 소형이 많으며 점도가 높은 액체 즉 기름, 식품(액체) 등의 유량 측정에 많이 적용된다.

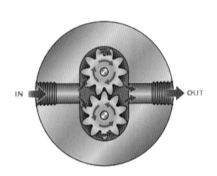

<그림 6-5> 용적식 유량계 원리.

<그림 6-6> 용적식 유량계.

6.2.4 전자 유량계

전자 유량계(Electromagnetic Flow Meter)는 플레밍의 왼손법칙에 따른 전자기유도를 이용한 유량계이다. 그림 6-7에 보이는 것과 같이 비자성인 관과 직교하는 자기장을 만들고, 관내에 도전성의 액체를 흘려보내면 전자유도에 의해 관의 양쪽에 위치한 전극으로 유속에 비례하는 기전력이 발생한다. 이 기전력의 세기를 측정하면 유량이 계산이 가능하며, 원격 측정도 가능하다.

전자 유량계는 관내에서 압력손실이 없고 흐르는 유체의 온도, 압력, 점도 등과 무관하게 유량 측정이 가능하며, 심지어는 고형물이 혼입되어도 측정할 수 있다. 또한 부식성 유체에도 사용할 수 있다. 하지만 도전성이 있는 유체에만 적용이 가능하다. 그림 6-8은 시판되는 전자 유량계이다.

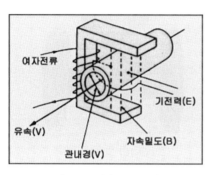

〈그림 6-7〉 전자 유량계 원리.

〈그림 6-8〉 전자 유량계.

6.2.5 초음파 유량계

초음파 유량계(Ultrasonic Flow Meter)는 관 내부를 건드리지 않고, 관 외부에서 유체와 비접촉식으로 유량을 측정할 수 있는 장점이 있어, 개발된 역사는 짧지만 사용량이 증가하고 있다. 정확도는 다른 정확한 유량계에 비하여 다소간 뒤떨어지지만 기술의 발전에 따라 계속 성능이 향상되고 있다. 주로 액체의 유량측정에 적용되었으나, 최근 기체용 초음파유량계가 개발되어 약간의 문제점은 있으나 적용되고 있다.

초음파 유량계의 측정원리는 그림 6-9와 같다. 위쪽의 그림은 시간차 방법을 이용하는 유량계로 초음파의 발신 및 수신을 할 수 있는 2개의 초음파 진동자 및 신호처리 회로로 구성되어 있다. 이는 흐름 방향 및 흐름 역방향의 초음파 전달 시간이 다른 것을 이용하여 이 두 경로에서 초음파가 전달되는 시간 차이를 측정하여 유량을 측정한다. 아래쪽의 그림은 도플러 효과를 이용하는 것으로 초음파를 쏘아서 되돌아오는 시간을 측정하여 유량을 측정하는 것으로 유량계의 설치가 시간차 방법을 이용하는 것보다 간단하다. 그림 6-10은 시간차 방법을 이용한 초음파 유량계가 설치된 모습이다.

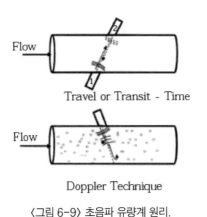

〈그림 6-9〉 초음파 유량계 원리.   〈그림 6-10〉 초음파 유량계.

6.2.6 와류 유량계

와류 유량계(Vortex Flow Meter)는 유체 내에 흐름 방향에 직각으로 놓인 물체의 뒷면에 유속에 비례하는 소용돌이(와류, vortex)가 발생하는 것을 이용하며, 이 소용돌이의 주파수와 유체의 속도 사이의 관계식을 이용하여 유량을 계산한다. 그림 6-11에 작동 원리와 구조를 나타내었으며, 그림 6-12는 시판되는 와류 유량계이다.

와류 유량계는 액체, 기체, 수증기 등에 사용 할 수 있으며, 압력 손실이 비교적 적은 편이다. 유량의 측정 범위가 넓지만 맥동이 있는 유체 및 점착성이 높은 유체에의 적용은 부적합하다.

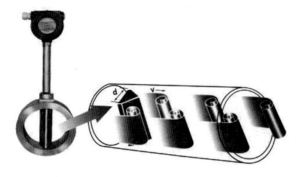

〈그림 6-11〉 와류 유량계 구조와 원리.   〈그림 6-12〉 와류 유량계.

6.2.7 터빈 유량계

터빈 유량계(Turbine Flow Meter)는 원리와 구조가 간단하여 많이 사용되고 있다. 그림 6-13에 보이듯이 유체가 흐르는 관 내에 유체의 흐름과 수직이 되게 터빈을 설치하면, 유체의 흐름에 따라 터빈이 회전하게 된다. 이 때 터빈의 회전수를 측정하여 회전수당 통과하는 유체의 부피와 회전수를 곱하면 유량을 계산할 수 있다. 터빈 유량계는 기체의 유량측정에 적합하나 액체용으로도 사용된다. 그림 6-13은 시판되는 터빈 유량계이다.

기체는 압축성 유체이므로 측정하는 온도 및 압력에서의 기체 유량을 기준 온도 및 압력에서의 유량으로 변환시켜주어야 하며, 이를 위해 온도 및 압력 보상장치(Volume Corrector)를 부착하여 사용하는 것이 필수적이다.

〈그림 6-13〉 터빈 유량계 구조.

〈그림 6-14〉 터빈 유량계.

6.2.8 질량 유량계

대부분의 유량계는 부피유량을 측정한다. 부피유량은 유체의 온도 및 압력에 따라서 변하며, 특히 측정 유체가 압축성 유체인 기체인 경우에는 그 변하는 정도가 매우 심하다. 이 부피 유량을 질량 유량으로 변환하려면 측정 유체의 온도 및 압력에 맞는 밀도를 구하여 부피유량에 곱하여 주면 되나, 특히 기체의 경우 온도가 매우 높거나 또는 압력이 매우 높은 경우에는 온도 및 압력 보상만으로는 충분하지 않으며 소위 압축인자라고 하는 Z값을 구하여 추가로 보상하여 주어야 한다. 이상기체의 경우 온도, 압력, 부피, 몰수는 아래의 이상기체 방정식을 따르며, 이 이상기체에서 벗어나는 정도를 압축인자 (Compressibility factor, Z)라고 한다. 이상기체의 경우에는 Z가 1이며, 고온 저압일수록 실제기체는 이상기체에 가까워지게 된다.

$$PV = nRT \qquad Z = \frac{PV}{nRT}$$

질량 유량을 구하는 방법은 코리올리 질량 유량계(Coriolis Mass Flow Meter)및 열 질량 유량계(Thermal Mass Flow Meter)의 2가지가 있다.

열 질량 유량계의 작동 원리를 그림 6-15에 나타내었다. 기체가 흐르는 주 배관으로부터 아주 소량의 유체가 흐를 수 있는 가느다란 보조 배관을 연결한다. 이 보조 배관에는 온도 센서를 2개 장착하는데, 두 온도센서 사이에는 열선이 위치하고 있다. 열선이 가열되는 동안, 유체의 흐름이 없으면 두 센서의 온도는 동일할 것이며, 만일 유체의 질량 유량이 빠르면 열선 이전의 센서는 온도가 더 낮아지고, 열선 이후의 센서는 온도가 더 높아진다. 따라서 2개의 온도센서 사이의 온도차이와 질량 유량과의 상관관계를 파악하면 질량 유량을 계산할 수 있다. 여기에서 측정한 값은 보조 배관으로 흐르는 유체의 질량 유량이며, 주 배관과 보조 배관으로 흐르는 유체의 비율에 대한 상관관계 또한 미리 정의되어야 한다.

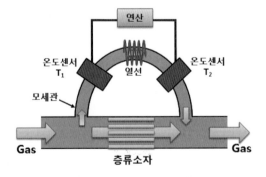

〈그림 6-15〉 열 질량 유량계 원리.

이상에서 설명한 것은 열 질량 유량계의 작동 원리이며, 실제 장치는 이 원리를 응용하되 열선과 온도센서 2개가 아니고 그림 6-16에 보이는 것처럼 저항발열체 2개와 휘스톤브리지를 이용하여 유량을 측정한다.

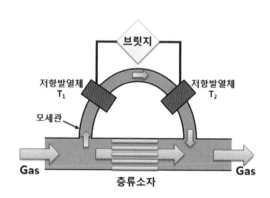

〈그림 6-16〉 휘스톤브리지 열 질량 유량계.

질량 유량계(Mass Flow Meter, MFM)는 고가이지만, 온도나 압력 변화의 영향을 받지 않고 정밀한 유체의 질량 유량 측정이 가능하여 연구용이나 제어용으로 많이 사용된다. 보통은 질량 유량계에 전자식 밸브를 추가하여 유량을 조절할 수 있게 하며, 이를 질량 유량 조절기(Mass Flow Controller, MFC)라고 한다. 시판되는 질량 유량 조절기를 그림 6-18과 6-19에 나타내었으며, 질량 유량 조절기는 유량을 측정하고 조절하는 부위와 이를 제어하는 부분이 분리된 타입과 일체형인 타입이 있다.

〈그림 6-18〉 분리형 MFC.

〈그림 6-19〉 일체형 MFC.

질량 유량계는 질량 유량을 측정하지만, 실제 계기판에는 질량 유량을 사용하기 편한 부피 유량으로 환산하여 알려준다. 따라서 질량 유량계를 구매할 경우에는 측정을 원하는 기체의 종류와 측정하고자 하는 부피유량의 최대값을 알려주어야 하며, 제작사는 이에 맞추어 보정된 질량 유량계를 공급하게 된다. 만약에 다른 기체나 유량 범위를 사용할 경우에는 제작사에 질량 유량계의 보정을 요청하여야 한다. 기체의 종류만 바뀌었을 경우에는 간단히 표시된 유량과 측정하고자 하는 기체의 실제 유량과의 상관관계를 구하여 보정 테이블을 만들어서 사용할 수도 있다.

참고 문헌

1. http://www.think-tank.co.kr/169
2. http://www.think-tank.co.kr/163
3. http://marriott.tistory.com/108

실험 2	로타미터 유량계의 보정

■ 실험 준비물

로타미터, 질소 실린더, 헬륨 실린더, 버블 미터(bubble meter), 비눗물, 초시계, on-off 밸브 및 배관

■ 실험 방법

① 질소 실린더, 로타미터, 버블 미터를 그림 2와 같이 연결한다.

   (로타미터는 반드시 수직으로 설치)

② 로타미터의 밸브를 잠근 상태에서, 질소 실린더 및 중간의 on-off 밸브를 연다.

③ 로타미터의 볼이 원하는 눈금에 오도록 로타미터의 밸브를 조절한다.

④ 원하는 눈금에 볼이 고정되면, 버블 미터를 이용하며 유량을 측정한다.

   (유량은 버블미터의 비누막이 눈금 0으로부터 원하는 유량까지 가는데 걸리는 시간을 측정하여 계
   산하면 됨)

⑤ 로타미터의 눈금 50, 100, 150, 200에 대하여 유량을 측정한다.

   (로타미터의 눈금을 맞추기가 어렵다면, 근처의 다른 눈금에 맞춰도 무방함)

⑥ 측정한 데이터를 이용하여 엑셀로 x-y 그래프를 그리고, 선형 추세식을 구하여서 질소 유량의 변화
   에 따른 로타미터 눈금의 상관 관계식을 구한다.

   (로타미터 눈금 = a x [질소 유량] + b)

⑦ 질소 실린더 대신 헬륨 실린더를 이용하여 ①~⑥의 과정을 반복한다.

■ 버블 미터 사용법

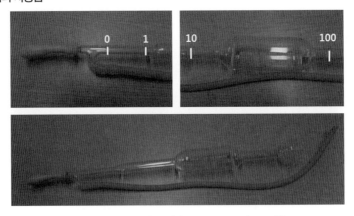

그림 1. 시판되는 버블 미터(flow meter라고도 함).

① 유리로 된 버블 미터 하단에 스포이드 고무를 끼운다.

② 버블 미터 꼭대기로부터 비눗물을 주입하여 스포이드 고무에 채운다.

(채우는 양은 고무를 누르지 않았를 때는 유리관의 가지 부분 아래까지, 고무를 눌렀을 때는 유리관의 가지 부분을 넘을 수 있을 정도로 함)

③ 버블 미터의 고무관을 유량을 측정하고자 하는 곳에 연결한다.

(버블 미터는 수직으로 세워서 사용함)

④ 고무관을 누르면 유리관의 가지를 통해서 들어온 기체가 비눗물을 지나면서 관 내에 비눗물 막을 형성하게 되며, 이 비눗물 막은 꼭대기까지 이동하게 된다.

(처음에는 유리관이 말라 있어서 비눗물 막이 올라가는 중간에 터지게 되므로, 유리관의 내부가 충분히 적셔진 이후에 유량 측정을 실시함)

⑤ 초시계를 준비하고, 비눗물 막이 0을 지날 때부터 1, 10, 또는 100 (ml) 눈금을 지날 때까지의 시간을 측정한다.

(유량이 느리면 1까지를 측정하고, 많이 빠르다면 100까지를 측정함)

⑥ 측정한 시간과 비눗물 막이 지나간 부피로부터 유량을 계산할 수 있다.

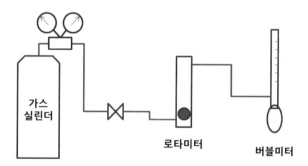

그림 2. 로타미터의 눈금 보정을 위한 실험 구성.

표 1. 로타미터의 눈금에 따른 유량

로타미터 눈금	질소 유량(sccm)	헬륨 유량(sccm)

그림 2. 질소 및 헬륨의 유량(x)과 로타미터 눈금(y)의 그래프 및 선형추세선.

1) 질소 유량과 로타미터 눈금의 관계식:

    로타미터 눈금 = (　　　　　) × 질소 유량 + (　　　　　)

    상관계수: R^2 =

2) 헬륨 유량과 로타미터 눈금의 관계식:

    로타미터 눈금 = (　　　　　) × 헬륨 유량 + (　　　　　)

    상관계수: R^2 =

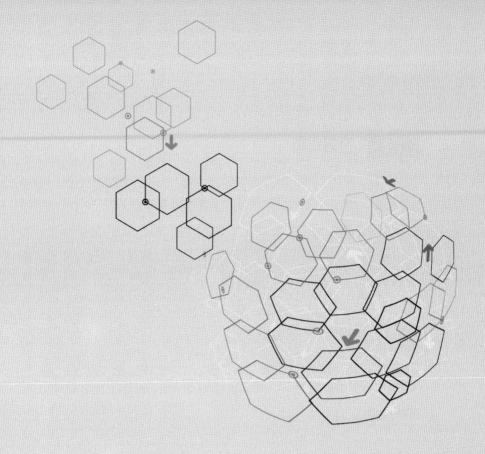

CHAPTER 7

전지의 이해

7.1 전기화학

신재생에너지와 관련하여 전기화학 반응을 이용하는 기술이 자주 등장하는데, 대표적으로는 리튬 이차전지, 연료전지, 레독스 플로우 배터리(Redox Flow Battery, RFB) 등이 있다. 이러한 신재생에너지를 이해하기 위해서는 전기화학에 대한 지식이 필수적이다.

7.1.1 산화반응과 환원반응

화학반응은 원자들 간에 전자의 교환이 없는 화학반응과 원자들 간에 전자의 교환이 있는 화학반응으로 나눌 수 있다.

- 전자의 교환이 없는 화학 반응: $NaOH + HCl \rightarrow NaCl + H_2O$
- 전자의 교환이 있는 화학 반응: $Zn + Cu^{2+} \rightarrow Zn^{2+} + Cu$

이 중 전자의 교환이 있는 화학반응은 한 번에 일어날 수도 있고, 전자를 주는 반응과 전자를 받는 반응의 두 개로 분리시켜 진행할 수도 있다. 이처럼 전자를 주는 반응과 받는 반응 두 개로 분리하여 반응이 일어나게 하는 것을 전기화학 반응(electrochemical reaction)이라고 하며, 전자를 주는 반응은 산화반응(oxidation), 전자를 받는 반응은 환원반응(reduction)으로 부른다. 실제로는 두 개의 반응으로 나누어지지만 짝을 지어 동시에 일어나므로, 간단하게 둘을 합쳐서 전체반응식(total reaction)으로 적는다. 산화반응식과 환원반응식에는 필연적으로 전자가 들어가게 되며, 서로 주고받는 전자의 개수는 동일하여 전체반응식에서는 서로 상쇄되게 된다.

산화반응식: $Zn \rightarrow Zn^{2+} + 2e^-$
환원반응식: $Cu^{2+} + 2e^- \rightarrow Cu$

전체반응식: $Zn + Cu^{2+} \rightarrow Zn^{2+} + Cu$

실제로 전기화학 반응이 일어나는 과정을 그림 7-1에 나타내었다. 산화반응이 일어나서 전자가 생성되는 전극(electrode)을 산화극(anode)이라고 하며, 환원반응이 일어나서 전자가 소모되는 전극을 환원극(cathode)이라고 한다. 산화극에서 생성된 전자는 외부의 전선을 통해 환원극으로 이동하여 소모되며, 이 과정에서 전압과 전류가 생성되어 전기적인 일을 하게 된다.

산화 반응이 일어나는 산화극과 환원 반응이 일어나는 환원극을 쉽게 외우는 방법으로는 다음의 문장을 암기하는 것을 추천한다.

The [Red Cat] eat [An Ox].

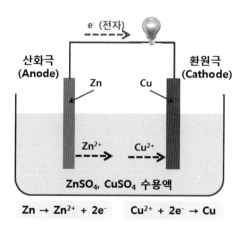

〈그림 7-1〉 전기화학 반응.

7.1.2 표준 전극 전위

전기화학 셀의 양 전극에서 산화 반응과 환원 반응이 짝을 이루어 일어나면 전자의 이동에 의해 전류가 흐르게 되며, 두 전극 사이에는 기전력(EMF, electromotive force)이 발생하게 된다. 반응에서의 화학에너지의 변화가 전기에너지로 바뀌는 것이기 때문에 전체 반응에 대한 기전력은 전체 반응의 ΔG로부터 계산이 가능하다. 하지만 산화극이나 환원극에서 일어나는 반쪽전지 반응 각각에 대해서는 단일 전극의 절대적인 기전력의 계산이 불가능하며, 여러 반쪽전지 반응들 간의 상대적인 기전력 비교만이 가능하다.

이러한 개념으로부터 반쪽전지 반응의 기전력을 표시하기 위한 기준이 되는 전극전위를 정하게 되었다. 기준이 되는 전극 반응은 수소이온이 수소로 환원되는 반응이며, 이 반응에 대해 1기압, 25 ℃, 전해질 수용액의 H^+ 농도가 1 M인 조건에서 측정한 전위를 0 V로 정하여 기준으로 삼는다.

$$2H^+ + 2e^- \rightarrow H_2 \qquad E^0 = 0.00 \text{ V}$$

이처럼 모든 전극 반응에 대해 1기압, 25 ℃ 조건에서 측정한 전위를 표준 전극 전위 (standard electrode potential)라고 하며, E^0로 표기한다. 논리적으로 생각하면 (+2)가의 아연 이온이 환원되는 반응과 아연이 (+2)가로 산화되는 반응의 전극전위는 다음과 같으며, 반응의 방향이 달라짐에 따라 전위의 부호가 반대로 됨을 알 수 있다.

$$Zn^{2+} + 2e^- \rightarrow Zn \qquad E^0 = -0.76 \text{ V}$$
$$Zn \rightarrow Zn^{2+} + 2e^- \qquad E^0 = +0.76 \text{ V}$$

개념상으로는 아연의 산화와 환원에 관련된 위의 두 가지 전위 모두를 사용할 수 있으나, 오래 전부터 관습적으로 모든 전극 반응은 환원 반응에 대한 표준 전극 전위를 사용하고 있으며, 여러 가지 핸드북에서도 반쪽전지 반응에 대한 표준 환원 전위(standard reduction potential)를 표로 만들어 제공한다. 즉, 실제로는 전기화학 반응식이 어떻게 표현되든 지간에 표준 전극 전위는 제시된 전기화학 반응의 표준 환원 전위인 -0.76 V로 표기하며, 반응 자체의 전극전위와는 부호가 일치하지 않을 수도 있는 것이다.

$$Zn^{2+} + 2e^- \rightarrow Zn \qquad E^0 = -0.76 \text{ V}$$
$$Zn \rightarrow Zn^{2+} + 2e^- \qquad E^0 = -0.76 \text{ V}$$
$$Zn^{2+} + 2e^- \leftrightarrow Zn \qquad E^0 = -0.76 \text{ V}$$

몇 가지 전극반응에 대한 표준 환원 전위를 표 7-1에 나타내었다. 즉 표준 환원 전위가 높다는 말은 수소이온보다 더 환원되기 쉽다는 이야기이며, 반대의 경우도 마찬가지이다. 예를 들어 수용액 중에 Zn^{2+}, H^+, Cu^{2+}가 존재하고 환원이 가능한 조건이 되면, 먼저 구리가 석출되고 다음에 수소 기체가 발생한 후 마지막으로 아연이 석출되게 된다.

〈표 7-1〉 여러 가지 전극 반응의 표준 환원 전위

전극 반응			E^0 (V)
$Li^+ + e^-$	$\rightarrow$	Li	−3.04
$2H_2O\ (l) + 2e^-$	$\rightarrow$	$H_2 + 2OH^-$	−0.83
$Zn^{2+} + 2e^-$	$\rightarrow$	Zn	−0.76
$Fe^{2+} + 2e^-$	$\rightarrow$	Fe	−0.44
$CO_2\ (g) + 2H^+ + 2e^-$	$\rightarrow$	CHOOH(aq)	−0.20
$2H^+ + 2e^-$	$\rightarrow$	$H_2\ (g)$	+0.00
$CO_2\ (g) + 6H^+ + 6e^-$	$\rightarrow$	$CH_3OH\ (l) + H_2O\ (l)$	+0.03
$Cu^{2+} + 2e^-$	$\rightarrow$	Cu	+0.34
$1/2O_2 + H_2O\ (l) + 2e^-$	$\rightarrow$	$2OH^-$	+0.40
$1/2O_2 + 2H^+ + 2e^-$	$\rightarrow$	$H_2O\ (l)$	+1.23
$H_2O_2\ (l) + 2H^+ + 2e^-$	$\rightarrow$	$2H_2O\ (l)$	+1.78
$F_2 + 2e^-$	$\rightarrow$	$2F^-$	+2.87

7.1.3 전지의 전압

황산구리와 황산아연이 각각 1몰 농도로 녹아 있는 수용액을 전해질로 사용하고, 이에 구리판과 아연판을 담가서 그림 7-1에 보이는 것과 같은 전기화학 셀을 만들 수 있다. 이 전기화학 셀의 전압을 아래와 같이 계산할 수 있다.

산화반응식: $Zn \rightarrow Zn^{2+} + 2e^-$　　$E^0 = -0.76$ V
환원반응식: $Cu^{2+} + 2e^- \rightarrow Cu$　　$E^0 = +0.34$ V
\-
전체반응식: $Zn + Cu^{2+} \rightarrow Zn^{2+} + Cu$　　$E^0 = +1.10$ V

전지의 전체반응식은 단순히 산화반응식과 환원 반응식을 더하면 되지만, 기전력은 단순히 더하면 안 된다. 왜냐하면 산화반응식에 표현된 기전력은 표준 환원 전위이기 때문이다. 따라서 전지의 기전력은 아래와 같이 계산하여야 한다.

> (환원극 전위) − (산화극 전위) = (전지의 기전력)
> (+0.34) − (_0.76) = +1.10 V

주의할 것은 경우에 따라 산화 환원 전위를 사용할 때도 있으므로, 기전력이 표준 환원 전위로 표현되어 있는지, 다르게 표현되어 있는지 확인하여야 한다.

7.1.4 농도차 전지

앞에서는 표준 환원 전위를 이용하여, 표준 상태(25℃, 1기압, 전해질의 농도는 1 M)에서의 기전력을 측정하는 방법을 알아보았다. 만약 전해질의 농도가 변화하게 되면 전기화학 반응의 조건이 달라지는 것이므로, 기전력 또한 변하게 된다. 이는 아래의 식으로 표현되며, 상세한 내용을 알고 싶으면 물리화학 교재를 참고하기 바란다.

$$aA + bB \rightarrow cC + dD \qquad E = E^0 - \frac{RT}{nF}\ln\left(\frac{a_C^c \times a_D^d}{a_A^a \times a_B^b}\right)$$

위 식에서 E^0는 표준 상태에서의 전지의 전압이며, n은 전기화학 반응에 관련된 전자의 개수, F는 패러데이 상수(96500 C/mol-e), R은 기체상수(8.314 J/(mol·K)), T는 절대온도이다. a는 활동도(activity)를 나타내는데, 기체의 경우에는 압력, 용액 중에 녹아 있을 때는 몰농도를 사용하며, 만약 고체나 순물질 액체의 경우에는 1을 사용하면 된다.

예 황산구리 농도가 0.1 M, 황산 아연 농도가 2 M인 전해질에 구리판과 아연판을 담가서 전기화학 셀을 구성하였을 때, 기전력은 얼마인가? 이 때 온도와 압력은 25 ℃, 1기압으로 일정하다.

앞에서 보았듯이 예에서 제시한 전기화학 셀의 반응과 기전력은 아래와 같다.

산화반응식: $Zn \rightarrow Zn^{2+} + 2e^-$ $E^0 = -0.76$ V

환원반응식: $Cu^{2+} + 2e^- \rightarrow Cu$ $E^0 = +0.34$ V

전체반응식: $Zn + Cu^{2+} \rightarrow Zn^{2+} + Cu$ $E^0 = +1.10$ V

위 식으로부터 n은 2, E^0는 +1.10 V임을 알 수 있으며, 이를 공식에 대입하면, 1.14 V가 됨을 알 수 있다.

$$E = (+1.10) - \frac{(8.314)(298)}{(2)(96500)} \ln\left(\frac{[Zn^{2+}]^1 \times [Cu]^1}{[Zn]^1 \times [Cu^{2+}]^1}\right)$$

$$= \frac{(8.314)(298)}{(2)(96500)} \ln\left(\frac{2^1 \times 1^1}{1^1 \times 0.1^1}\right) = 1.10 + 0.04 = 1.14\,V$$

계산을 통해 기전력이 1.14 V로 증가함을 알 수 있다. 이는 직관적으로 생각하여도 표준 상태에 비해 반응물의 농도가 높아지고 생성물의 농도가 낮아지므로 표준상태보다 반응을 보다 선호하게 될 것임을 알 수 있고, 이로부터 기전력이 높아질 것임을 유추할 수 있다.

7.1.5 전지의 전류

전기화학 셀에서는 산화극과 환원극 사이에서 기전력이 발생하며, 양 극의 전압차에 따라 전류도 흐르게 된다. 이 때 흐르는 전류의 세기는 전극에서 일어나는 화학 반응의 속도와 직접적으로 연관된다.

예를 들어 0.1 A의 전류가 흐른다면 1초당 0.1 C의 전하량이 이동하는 것이다. 패러데이 상수 96,500 C/mol-e(정확하게는 96,485)는 전자 1몰의 전하량이 96,500C 인 것을 뜻하므로, 이를 계산해 보면 전극에서 초당 1/965,000 몰의 전자가 발생하는 것을 뜻한다. 만약 Zn의 Zn^{2+}로의 산화반응이라면 Zn 1몰당 2몰의 전자가 발생하므로, 실제 반응한 Zn의 양은 초당 [(1/2) X (1/965,000)] 몰이 됨을 알 수 있다.

7.2   전지의 역사

7.2.1 볼타 전지

마찰에 의해서 발생하는 정전기 현상이나 벼락 등을 통해 오래 전부터 전기의 존재는 알려져 있었다. 하지만 전기를 우리가 임의로 만들고 사용한 것은 역사가 길지 않다.

이탈리아의 과학자인 볼타(A. Volta)는 1800년에 최초로 직류전기를 생산할 수 있는 볼타전지(Voltaic cell)를 발명하였다. 이는 그림 7-2에 보이듯이 구리판과 아연판을 교대로 쌓은 후, 금속판들의 사이에 전해액의 역할을 하는 묽은 산에 적신 천을 끼운 것이다. 볼타전지는 화학 에너지를 전기 에너지로 변환하는 장치로서, 지금 사용하는 다양한 전지의 원조가 된다. 또한 전해액에 적신 천을 사용하였기에 습식전지(wet cell)로도 불린다. 그림 7-3은 실물 볼타 전지로서 여러 개의 전기화학 전지가 직렬로 적층된 구조이며, 적층된 수가 많을수록 높은 전압을 얻을 수 있다.

〈그림 7-2〉 볼타 전지의 구조.   〈그림 7-3〉 박물관에 전시된 볼타 전지.

볼타 전지에서 일어나는 전기화학 반응은 아래와 같으며, 기전력은 0.76 V이다. 볼타 전지에서 구리판은 전기화학 반응에 관여하지 않고 단순히 전기를 전달하는 전극의 역할만을 한다.

산화반응식: $Zn \rightarrow Zn^{2+} + 2e^-$ $E^0 = -0.76$ V

환원반응식: $2H^+ + 2e^- \rightarrow H_2$ $E^0 = +0.00$ V

전체반응식: $Zn + 2H^+ \rightarrow Zn^{2+} + H_2$ $E^0 = +0.76$ V

7.2.2 망간 건전지

볼타 전지는 직류를 원하는 때에 원하는 양만큼 만들어 낼 수는 있었지만 습식전지이기 때문에 연구실에 설치해서 사용할 수는 있어도, 이동이나 휴대에는 불편하였다. 습식이 아닌 전지에 대한 필요성이 대두되었으며, 프랑스의 르클랑세((Leclanche)가 1868년에 이산화망간을 이용한 망간 건전지(dry cell)를 개발하였다. 알칼라인 건전지가 나오기 이전에는 망간 건전지가 널리 사용되었다. 망간 건전지의 구조는 그림 7-4와 같다.

산화반응식: $Zn \rightarrow Zn^{2+} + 2e^-$ $E^0 = -0.76$ V

환원반응식: $2MnO_2 + 2NH_4^+ + 2e^- \rightarrow Mn_2O_3 + 2NH_3 + H_2O$ $E_0 = +0.74$ V

전체반응식: $Zn + 2MnO_2 + 2NH_4^+ \rightarrow Zn^{2+} + Mn_2O_3 + 2NH_3 + H_2O$ $E^0 = +1.50$ V

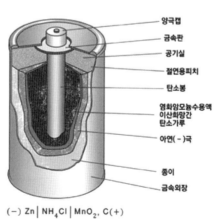

(−) $Zn \mid NH_4Cl \mid MnO_2$, C(+)

(−)극 Zn판 : $Zn \rightarrow Zn^{2+} + 2e^-$ 산화

(+)극 C막대 : $2NH_4^+ + 2e^- \rightarrow 2NH_3 + H_2\uparrow$ 환원

〈그림 7-4〉 망간 건전지의 구조.

망간 건전지의 화학반응식은 위와 같으며, 탄소봉은 볼타 전지의 구리판과 같이 단순히 전기를 전도하는 전극으로서의 역할만 한다.

7.2.3 알칼라인 건전지

망간 건전지가 휴대용으로 편리하기는 하나 시간이 지남에 따라 전해액의 농도 변화로 인해 전지의 전압이 낮아지는 문제점이 있어 사용 수명이 길지 않았다. 이에 대한 해결책으로 1950년에 장시간 사용이 가능한 알칼라인 건전지가 발명되었다. 알칼라인 건전지는 염화암모늄 대신에 수산칼륨을 전해액으로 사용한다. 알칼라인 건전지의 구조는 그림 7-5와 같으며, 현재 가장 널리 사용되고 있는 건전지이다.

(+)극
이산화망간
탄소(+)극
금속통
아연가루(−)극
수산화칼륨(전해질)
(−)극

〈그림 7-5〉 알칼라인 건전지의 구조.

아래는 알칼라인 건전지의 전기화학 반응식이며, 시간이 지나도 전해액의 농도 변화가 크지 않다.

산화반응식: $Zn + 2OH^- \rightarrow Zn(OH)_2 + 2e^-$ $E^0 = -0.76$ V
환원반응식: $2MnO_2 + H_2O + 2e^- \rightarrow Mn_2O_3 + 2OH^-$ $E^0 = +0.74$ V

전체반응식: $Zn + 2MnO_2 + H_2O \rightarrow Zn(OH)_2 + Mn_2O_3$ $E^0 = +1.50$ V

7.3   리튬이온 전지

앞에서 설명한 건전지는 1회만 사용이 가능하며 1차전지라고 부른다. 자동차 배터리로 널리 사용되는 납축전지와 같이 충전하여 재사용이 가능한 전지를 2차전지로 통칭한다. 대표적인 휴대용 2차전지로는 리튬이온 전지가 있다. 지금은 아주 보편적으로 사용되지만 리튬이온 전지는 1990년경에 발명되었으며, 그 역사가 30년이 되지 않는다.

리튬이온 전지는 가벼운 리튬을 전극재로 사용하므로 무게가 가볍고, 또한 리튬의 환원 전위가 낮아서 전지를 만들었을 때 전압이 높다. 리튬이온 전지의 구조 및 원리는 그림 7-6과 같다. 방전(discharge)이 일어날 때, 흑연 안에 있던 Li 금속이 Li 양이온과 전자로 산화되며, 전자는 전선을 타고 환원극으로 이동하고, Li 양이온은 다공성 분리막에 함침된 전해액을 통해 환원극으로 이동하여 코발트 산화물 안으로 들어간다. 충전(charge)이 일어날 때는 외부에서 전압을 가해주며, 방전의 역방향으로 모든 일들이 일어난다.

리튬이온 전지가 방전되는 경우의 대표적인 전기화학 반응식은 아래와 같으며, 충전은 아래 반응식의 역반응이 일어난다. C_6는 흑연을 표시하며, 리튬이온 전지의 전압은 약 3.7 V 정도이다.

산화반응식: $LiC_6 \rightarrow Li^+ + C_6 + e^-$ $\qquad\qquad$ $E^0 \approx -3.0$ V

환원반응식: $2Li_{0.5}CoO_2 + Li^+ + e^- \rightarrow 2LiCoO_2$ $\qquad$ $E^0 \approx +0.7$ V

전체반응식: $LiC_6 + 2Li_{0.5}CoO_2 \rightarrow C_6 + 2LiCoO_2$ $\qquad$ $E^0 \approx +3.7$ V

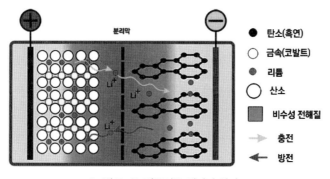

〈그림 7-6〉 리튬이온 전지의 원리.

7.4   연료전지

볼타 전지가 발명된 후 전기화학 반응에 대한 많은 연구가 이루어졌으며, 물을 전기분해하면 수소와 산소가 발생한다는 것이 알려졌다. 영국의 과학자인 윌리엄 그로브 경(Sir William R. Grove)는 1839년에 황산을 전해질로 사용한 전기화학 셀에 수소와 산소를 공급하면 물의 전기분해의 역반응이 일어나 직류전기가 생성됨을 발견하였다. 그로브 경의 장치는 수소와 산소 기체만을 이용하여 직류전기를 생산하였기에 초기에는 가스전지(Gas battery)라고 불리었으며, 이후에 연료전지(Fuel cell)로 명명되었다. 이름이 알려주듯이 연료전지는 이차전지와는 달리 충전이 필요 없으며, 연료인 수소가 공급되는 한 계속 전기를 생산한다.

산성 전해질을 사용한 연료전지의 원리는 그림 7-7과 같다. 연료인 수소는 수소 이온과 전자로 산화되며, 전자는 전선을 통해, 수소 이온은 산성 전해질을 통해 환원극으로 이동한다. 환원극으로 공급된 산소는 이동한 전자 및 수소 이온과 만나 물이 된다.

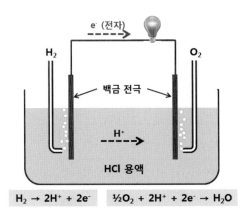

〈그림 7-7〉 연료전지의 원리.

아래는 연료전지에서 산성 전해질을 사용할 경우의 전기화학 반응식이다. 최종적으로 물만이 생성되며, 연료전지는 전기의 생산과정에서 물 이외의 공해물질이 생기지 않는다는 장점이 있다.

산화반응식: $H_2 \rightarrow 2H^+ + 2e^-$ $E^0 = +0.00$ V

환원반응식: $1/2O_2 + 2H^+ + 2e^- \rightarrow H_2O$ $E^0 = +1.23$ V

\---

전체반응식: $H_2 + 1/2O_2 \rightarrow H_2O$ $E^0 = +1.23$ V

연료전지는 사용되는 전해질의 종류에 따라 다양한 종류가 있으며, 그 내용은 표 7-2와 같다. 수소 전기차 및 가정용 소형 발전시스템에는 고분자전해질 연료전지가 사용되며, 발전용으로는 인산형 연료전지와 용융탄산염 연료전지가 주로 사용된다. 고체산화물 연료전지는 차세대 연료전지로 주목받고 있으며, 현재 상업화가 진행 중이다.

〈표 7-2〉 여러 가지 연료전지

명칭	약어	전해질	이온전도체
고분자전해질 연료전지 (Polymer Electrolyte Membrane Fuel Cell)	PEMFC	고분자전해질	H^+
인산형 연료전지 (Phosphoric Acid Fuel Cell)	PAFC	인산	H^+
용융탄산염 연료전지 (Molten Carbonate Fuel Cell)	MCFC	용융 탄산염	CO_3^{2-}
고체산화물 연료전지 (Solid Oxide Fuel Cell)	SOFC	YSZ (이트리아 안정화 지르코니아)	O^{2-}
알칼리 연료전지 (Alkaline Fuel Cell)	AFC	KOH, NaOH	OH^-

7.5 고분자전해질 연료전지의 전류-전압 곡선

연료전지의 특성을 평가하는 좋은 방법은 전류의 변화에 따라 얻어지는 전압을 측정하는 것이며, 이를 그래프로 표시한 것을 전류-전압 곡선(I-V curve) 또는 분극 곡선(polarization curve)이라고 한다. 고분자전해질 연료전지에서 보이는 일반적인 전류-전압 곡선을 그림 7-8에 나타내었는데, 이를 해석하면 연료전지 시스템의 특성에 대한 다양한 정보를 얻을 수 있다.

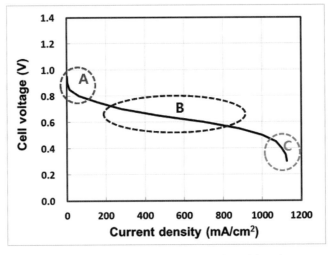

〈그림 7-8〉 고분자전해질 연료전지의 전류-전압 곡선.

전기화학 반응을 통하여 전력을 생산하는 연료전지를 구성할 수 있으며, 연료전지의 출력은 전압과 전류에 의해서 결정된다. 연료전지의 전압은 연료전지 반응의 ΔG에 따라 결정되며, ΔG는 아래의 식처럼 기전력 E로 전환이 가능하다. 연료전지에서 기전력은 얼마나 반응이 잘 일어나는지를 보여주는 척도이며, 연료전지에서 온도, 압력, 반응물 농도가 기전력에 영향을 미치기는 하지만, 그 영향이 크지는 않다.

$$\Delta G = -nFE$$

[ΔG: 반응의 깁스 자유에너지, n: 반응에 관련된 전자 몰수,

F; Faraday 상수(96500 C/mol-e), E: 기전력]

　　연료전지의 전류는 산화극과 환원극을 연결하는 전선을 따라 1초당 흐르는 전자의 몰수와 연관이 있다. 반응 속도는 온도, 압력, 반응물 농도의 영향을 받으며, 반응속도를 증가시키면 전류양이 이에 비례하여 증가하게 된다. 기전력과 전류의 양은 무관한 것으로 생각되겠지만, 실제의 연료전지 시스템에서는 그림 7-8에서 보이는 것처럼 연료전지 전류양의 증가에 따라 전압이 감소하게 된다.

　　수소와 산소를 사용하는 연료전지에서 얻을 수 있는 열역학적인 최대전압은 1.23 V이지만, 여러 가지 전압손실로 인해 더 낮은 전압을 얻게 된다. 연료전지의 전류밀도(current density, A/cm^2)가 0 mA/cm^2일 때 최대의 전압을 얻을 수 있지만, 이때에도 1.0 V 이하의 전압이 얻어진다. 이는 연료전지의 전극에서 수소 산화반응과 산소 환원반응을 일으키기 위해 전압손실이 발생하기 때문이며, 이와 같은 전극반응을 일으키기 위한 전압손실은 주로 전류 밀도가 낮은 A 영역에서 일어나게 된다. 즉 전류밀도가 0 mA/cm^2일 때의 전압이 높으면 전극촉매의 성능이 좋은 것을 뜻한다.

　　전류밀도가 상승함에 따라 B 영역에서는 전압이 선형적으로 낮아지게 되는데, 이는 연료전지 시스템에 있는 저항성분들이 작용하기 때문이다. 즉 옴의 법칙 V = IR에 따라 [전압(V) = 전류밀도(A/cm^2) × 표면비저항($\Omega \cdot cm^2$)] 만큼의 전압손실이 발생하는데, 이는 전류밀도가 증가함에 따라 일정한 기울기를 가지는 일차함수 형태로 감소한다. 연료전지에서 이러한 내부저항에 가장 크게 기여하는 것은 "전해질을 통한 전하 운반체의 이동"이며, 고분자 전해질 연료전지의 경우에는 나피온 전해질을 통한 수소이온(H^+)의 이동도이다. 이 영역에서의 기울기가 가파를수록 연료전지의 내부저항이 큰 것을 뜻하며, 기울기가 완만할수록 내부저항이 작은 것이다. 즉, 기울기가 완만한 것은 전해질 성능이 좋아서 전해질을 통한 전하 이동이 손쉬운 것을 뜻한다.

　　마지막으로 전류밀도를 더욱 높여서 운전하게 되면, C 영역에서 보이는 것과 같이 어느 순간 전압이 급격히 떨어지게 되며 결국에는 전압이 0 V가 되는 전류밀도값에 도달하게 된다. 이는 반응이 일어나는 연료전지 전극층에 대한 수소의 공급 속도가 한계에 도달한 것을 나타낸다. 즉, 연료인 수소의 공급 속도가 반응에 의한 수소의 소모 속도보다 느려서, 더 이상 수소 산화반응을 진행할 수가 없게 되는 것이다. 이러한 급격한 전압강하 현상이 높은 전류밀도에서 일어날수록 연료전지 시스템에 대한 반응물의 공급이 원활한 것이다.

참고 문헌

1. 백운기, 박수문, "전기화학" 청문각, 2002
2. 박진남, "연료전지 개론", 한티미디어, 2015

실험 3	농도차 전지 실험

■ 실험 준비물
- 구리판 (폭 1cm 이상, 길이 10 cm 이상, 두께 무관)
- 아연판(폭 1cm 이상, 길이 10 cm 이상, 두께 무관)
- $CuSO_4$, $ZnSO_4$, 증류수, 300 ml 비커 4개, 1 L 부피 플라스크 4개
- 악어집게 달린 전선 2개, 100 kΩ 저항 1개, 멀티미터

■ 실험 방법
① 300 ml 비커에 1 M $CuSO_4$, 0.1 M $ZnSO_4$ 용액을 200 ml 넣는다.
② 구리판과 아연판을 서로 닿지 않게 용액에 담그고, 악어집게 전선을 이용하여 100 kΩ 저항에 연결한다.
③ 멀티미터를 이용하여 저항에 걸리는 전압을 측정한다.
④ 300 ml 비커에 1 M $CuSO_4$, 1 M $ZnSO_4$ 용액을 200 ml 넣는다.
⑤ ②~③을 실시한다.
⑥ 300 ml 비커에 0.1 M $CuSO_4$, 1 M $ZnSO_4$ 용액을 200 ml 넣는다.
⑦ ②~③을 실시한다.
⑧ 300 ml 비커에 0.1 M $CuSO_4$, 0.1 M $ZnSO_4$ 용액을 200 ml 넣는다.
⑨ ②~③을 실시한다.

표 1. 전해질 용액의 제조

Zn^{2+} 농도(M)	Cu^{2+} 농도(M)	$ZnSO_4·7H_2O$ 무게(g)	$CuSO_4·5H_2O$ 무게(g)
0.1	1.0	25.0	287.5
1.0	1.0	249.6	287.5
1.0	0.1	249.6	28.8
0.1	0.1	25.0	28.8

1) $CuSO_4$ 시약은 $CuSO_4·5H_2O$ (분자량 249.6)이고, $ZnSO_4$ 시약은 $ZnSO_4·7H_2O$ (분자량 287.5)이므로, 농도 계산 시 주의하여야 함
2) 1 리터 부피 플라스크를 사용할 때를 기준으로 한 시약 무게를 표에 나타내었으며, 위의 각각의 농도에 해당하는 무게의 시약을 부피 플라스크에 넣은 후, 증류수를 추가하여 1 리터 눈금에 맞추면 됨

3) 여러 조가 동시에 실험할 경우에는 미리 네 종류의 전해질 용액을 만들어 두고 학생들이 덜어서 사용할 수 있게 하는 것이 좋음

표 2. 전해질의 농도 변화에 따른 기전력

Zn^{2+} 농도(M)	Cu^{2+} 농도(M)	측정 기전력 (mV)	이론 기전력 (mV)	오차 (%)	전류 (mA)	반응속도 (mol-Zn/s)

1) 이론 기전력은 농도차 전지의 공식을 사용하여 계산할 수 있음
2) 오차 = {(측정 기전력) − (이론 기전력)}/(이론 기전력)×100
3) 반응속도의 계산은 '1.5 전지의 전류'를 참고

| 실험 4 | 물의 전기분해 실험 |

■ 실험 준비물

태양전지 모듈, 저항박스 모듈, 수전해 모듈, 제논 램프(또는 할로겐 램프), 증류수, 바나나잭 달린 전선 3개, 타이머, 고무 튜브 2개, 마개 2개

* 본 실험은 Dr FuelCell® Science Kit를 사용하는 것을 기준으로 설명하며, 이는 Heliocentris Energiesysteme GmbH(독일)사의 태양광 및 수소연료전지 교육용 kit이다
* Kit를 구할 수 없을 때는 동일한 기능의 대체품을 조합하여 실험이 가능하다.
* 대체품으로 실험할 경우에 저항박스 모듈을 생략하고, 대신 멀티미터(전류계)를 사용하여도 무방하다.

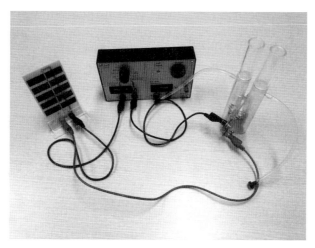

그림 1. 수전해 시스템 구성.

■ 실험 방법
① 그림 1과 같이 전선을 연결하여 시스템을 구성한다.
② 수전해 모듈의 눈금실린더 두 군데에 증류수를 채우고, 그림 1에 보이듯이 고무 튜브의 끝을 마개로 막는다.
③ 각 눈금실린더에 채워진 증류수의 눈금을 확인한다.
④ 저항박스 스위치를 'short' 위치에 두고 모듈의 파워를 켠다. (Power ON)
⑤ 램프를 태양전지 모듈과 적당한 거리에 위치하게 한 후, 램프를 켠다.
　(타이머 시작)
⑥ 수전해 모듈에서 전기분해가 일어나서, 눈금 실린더 위쪽에 기체가 모일 것이다.
　(+극에는 산소, −극에는 수소가 발생)

⑦ 전류를 측정한다.

⑧ 기체가 모이면서 눈금이 아래로 내려갈 것이며, 수소기체가 10 ㎖ 생기는 시점에서 램프를 끈다.
   (타이머로 지금까지 걸린 시간을 측정한다.)

⑨ 수소기체가 10 ㎖ 발생하였을 때, 산소의 발생량을 측정한다.

⑩ 램프의 각도와 거리를 달리하여, 다른 전류값에서 ⑤~⑧까지의 과정을 반복한다.

* 램프와 태양전지 모듈을 너무 가까이 두면 태양전지 모듈이 고온에 의해 손상되므로, 태양전지 모듈의 온도가 60 ℃가 넘지 않도록 주의한다.

* 실험 중 저항박스 모듈이 램프에 의해 가열되지 않도록 충분히 거리를 둔다.

* 태양전지 모듈과 램프와의 거리나 각도 변화는 태양전지의 전류에 영향을 미치지만, 전압에는 크게 영향을 미치지 않는다.

(+)극: $H_2O \rightarrow 1/2O_2 + 2H^+ + 2e^-$

(−)극: $2H^+ + 2e^- \rightarrow H_2$

전체반응식: $H_2O \rightarrow H_2 + 1/2O_2$

수소 10 ㎖ 발생 시 산소 발생량: ㎖

표 1. 전류에 따른 수전해 시간

전류(mA)	수소 10 ㎖ 발생까지 걸린 시간(초)

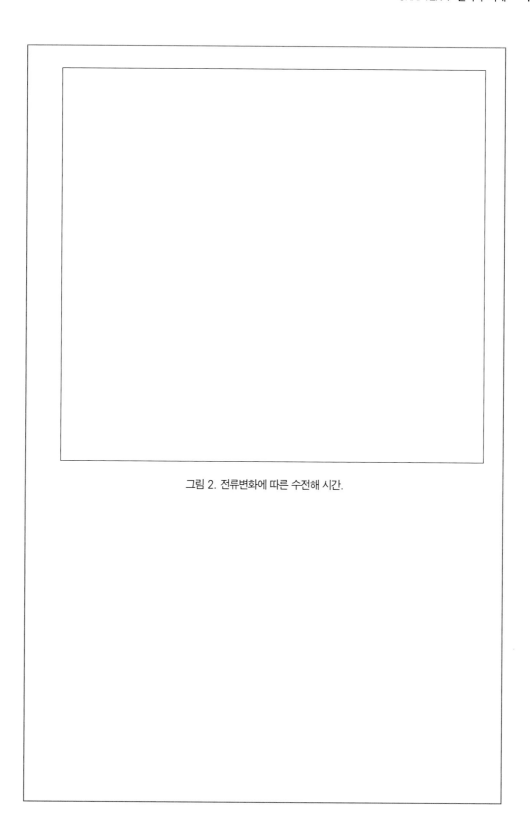

그림 2. 전류변화에 따른 수전해 시간.

실험 5	고분자전해질 연료전지의 전류–전압곡선 측정

■ 실험 준비물

연료전지 모듈, 저항박스 모듈, 수전해 모듈, 바나나잭 달린 전선 4개, 타이머, 고무 튜브 4개, 마개 2개

* 본 실험은 Dr FuelCell® Science Kit를 사용하는 것을 기준으로 설명하며, 이는 Heliocentris Energiesysteme GmbH(독일)사의 태양광 및 수소연료전지 교육용 kit이다

* Kit를 구할 수 없을 때는 동일한 기능의 대체품을 조합하여 실험이 가능하다.

* 저항박스 모듈이 없다면, 그림 2와 같이 저항박스와 멀티미터 2개로 동일한 구성을 할 수 있다.

그림 1. 연료전지 모듈과 저항박스 모듈.

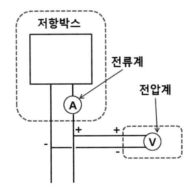

그림 2. 저항박스 모듈 구성.

■ **실험 방법**

① 그림 1에 보이는 것과 같이 수전해 모듈과 연료전지 모듈을 튜브로 연결한다.

   (수전해 모듈은 수소와 산소 공급 역할을 하며, 연료전지 모듈의 수소극과 산소극을 잘 확인하도록
   한다)

② 수소와 산소를 배출할 수 있도록 연료전지 모듈의 위쪽의 연결부에 튜브를 연결한 후 마개로 막는다.

③ 수전해 모듈로부터 수소와 산소를 공급받는 튜브를 연료전지 모듈의 아래쪽에 연결한다.

   (연료전지 모듈 내부에 남아있는 공기를 배출할 수 있도록 수소와 산소 배출부의 마개를 잠깐 뺐다
   가 다시 막는다)

④ 연료전지 모듈과 저항박스 모듈의 전류단자를 연결한다.

⑤ 저항박스 모듈의 전류단자에 전압단자를 병렬로 연결한다.

⑥ 저항을 OPEN(개방회로)에 맞추고 저항박스 모듈의 파워를 켠다. (Power ON)

⑦ 2~3분 정도 경과한 후, 연료전지가 정상 상태에 도달하면 전류와 전압을 측정한다.

   (OPEN에서 측정한 전압은 연료전지의 OCV(Open-Circuit Voltage, 개회로 전압)가 된다)

⑧ 저항박스의 저항값을 높은 값에서 제일 낮은 값까지 바꾸면서 ⑦ 과정을 실시한다.

   (만약 중간에 수소나 산소가 부족해지면, [실험 4]에 따라 수전해 모듈을 가동하여 수소와 산소를
   보충한 후 실험을 재개한다)

⑥ 측정한 전류와 전압을 이용하여, 전류-전압 곡선을 그린다.

* 연료전지를 장시간 사용하였을 경우, 연료전지 내부에 물이 축적되어 성능이 저하될 수 있으므로, 주
  기적으로 마개를 열어서 내부에 축적된 물을 제거하여 주어야 한다.

표 1. 연료전지의 전류-전압 측정

저항	전류(mA)	전압(V)
OPEN		
200 Ω		
100 Ω		
50 Ω		
10 Ω		
5 Ω		
3 Ω		
1 Ω		

그림 3. 연료전지 모듈의 전류–전압 곡선.

* 원래는 연료전지의 전류밀도를 x축, 전압을 y축으로 그래프를 그리지만, 본 실험에서는 일정한 면적을 가지는 하나의 연료전지를 이용하여 실험을 수행하였으므로, x축을 전류로 사용하여도 무리가 없다.

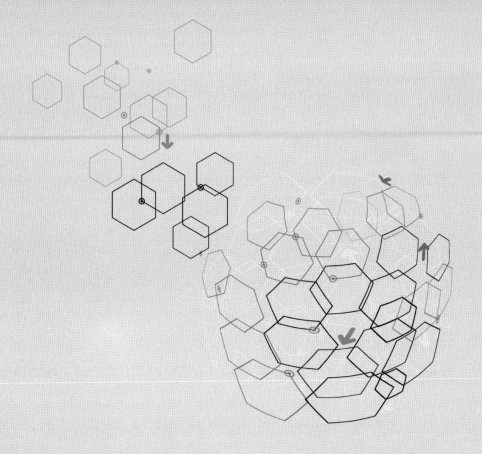

CHAPTER 8

pH 측정

8.1　pH 이론

순수한 물만 있을 경우에도 아래의 반응식에 의해 평형 상태가 존재하며, 이 관계식을 정리하면 아래와 같이 25 ℃에서 K_W = 1X10^{-14}이 나온다. 즉, 순수한 물만 있어도 그 중의 일부는 H_3O^+(또는 H^+)와 OH^-로 해리되어 존재하게 된다.

$$H_2O + H_2O \rightarrow H_3O^+ + OH^- \qquad K = \frac{[H_3O^+][OH^-]}{[H_2O]^2}$$

$$[H_3O^+][OH^-] = K[H_2O]^2 = K(55.56)^2 = K_W = 1 \times 10^{-14}$$

즉, 외부의 첨가물이 없을 경우에는, [H^+]와 [OH]가 동일하게 되며, [H^+]=1X10^{-7}이 된다. 만약 외부에서 물에 산이나 염기를 첨가하여 [H^+]나 [OH]의 농도가 증가하게 되면, 물의 해리도가 변화하면서 대응되는 [OH]나 [H^+]의 농도가 감소하여 K_W = 1X10^{-14}을 맞추게 된다.

- H_3O^+ 가 1 X 10^{-3}몰 일 때: K_W = 1X10^{-14} = [H_3O^+][OH] = (1X10^{-3})(1X10^{-11})
- OH 가 1 X 10^{-5} 일 때: K_W = 1X10^{-14} = [H_3O^+][OH] = (1X10^{-9})(1X10^{-5})

수용액의 산성 정도를 알아보기 쉽게 표기하기 위해 pH 값을 사용하며, pH 값은 아래의 공식으로 정의된다. 즉, pH 값이 작을수록 산성이 강한 것이며, pH가 7이면 중성 용액이다. 통상적으로 pH는 1~14 사이의 값을 사용하나, 정의에 따르면 (-) 값 또는 14 보다 더 큰 값을 가질 수도 있다.

$$pH = -\log[H_3O^+]$$

예 0.001 M HCl 수용액의 pH는?

HCl은 강산이므로, 수용액 중에서 100 % 해리한다. 따라서 $[H_3O^+]$ = 1X10^{-3}으로 생각할 수 있다. 이 때 물의 자체 해리에 의한 $[H_3O^+]$의 변화는 미미하므로 고려하지 않아도 된다. 아래의 계산처럼 pH는 3이 됨을 알 수 있다.

$$pH = -\log[H_3O^+] = -\log(1X10^{-3}) = 3$$

예 0.00001 M NaOH 수용액의 pH는?

NaOH는 강염기이므로, 수용액 중에서 100 % 해리한다. 따라서 $[OH^-]$ = 1X10^{-5}으로 생각할 수 있다. 이 때 물의 자체 해리에 의한 $[OH^-]$의 변화는 미미하므로 고려하지 않아도 된다. 아래의 계산처럼 pH는 3이 됨을 알 수 있다.

$$KW = 1X10^{-14} = [H_3O^+][OH^-] = [H_3O^+](1X10^{-5})$$

$$그러므로 [H_3O^+] = 1X10^{-9}$$

$$pH = -\log[H_3O^+] = -\log(1X10^{-9}) = 9$$

물의 해리 반응은 흡열반응이므로, 온도가 올라갈수록 해리도가 증가하여 K_W는 1X10^{-14}보다 큰 값이 된다. 표 8-1에 보이는 것과 같이 온도가 증가하면, 중성의 pH 값은 더 작아진다.

〈표 8-1〉 온도에 따른 물의 pH 값 변화

온도 (℃)	10	20	25	30	40	50	60	70	80	90
K_W (x10^{14})	0.293	0.681	1.008	1.471	2.916	5.476	9.550	15.85	25.12	38.02
중성 pH	7.27	7.08	7.00	6.92	6.77	6.63	6.51	6.40	6.30	6.21

드물게는 pOH 값을 사용하기도 하는데, 이는 아래의 정의를 적용할 수 있으며, pH 값과 아래와 같은 관계를 가진다.

$$pOH = -\log[OH^-]$$

$$pH + pOH = 14$$

8.2　pH 측정법

　　일상생활에서 사용되는 여러 가지 제품이나 음식뿐만 아니라 화학 반응의 조절에도 pH 를 정확하게 맞추는 것은 중요하다. pH를 정확하게 측정하기 위해 많은 방법이 사용되었으며, 이 중에는 소량의 지시약을 직접 측정 용액에 넣어 색상의 변화로 pH를 측정하는 방법이 가장 전통적이며, 그림 8-1에 보이는 것과 같이 다양한 지시약을 사용하여 pH를 측정할 수 있다. 한 가지 단점은 측정 용액에 지시약이 들어가는 것이다.

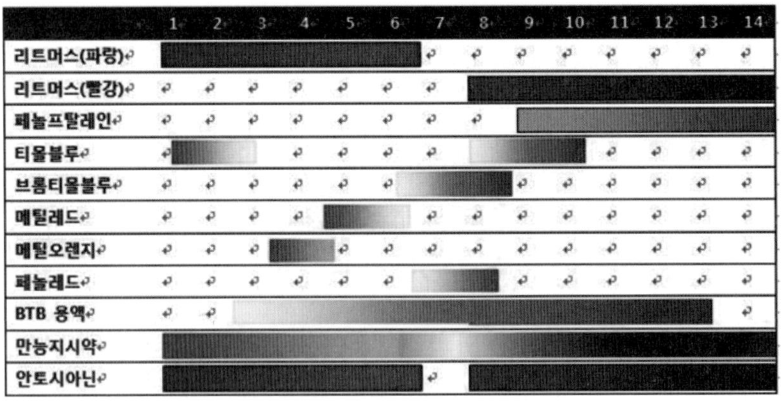

〈그림 8-1〉 여러 가지 지시약의 변색범위.

　　사용의 편의성을 위해 여러 가지 지시약을 종이에 적셔서 다양한 pH 범위에서 연속적으로 색상이 변하게 만든 것을 pH 페이퍼라고 한다. pH 페이퍼는 사용이 편리하고, 지시약에 비해 측정 용액의 오염을 최소화할 수 있다. pH 페이퍼를 그림 8-2에 나타내었으며, 측정 용액에 적신 pH 페이퍼는 시간이 지나면 건조에 따라 색상이 변하므로 측정 직후에 바로 pH를 확인하여야 한다. pH 페이퍼는 가장 범용이 1~11 사이를 측정하도록 되어 있는 것이지만, 경우에 따라서는 특정 pH 범위에서 보다 정밀하게 측정이 필요할 수 있다. pH 페이퍼는 자기가 필요로 하는 pH 범위와 정밀도에 따라 적절히 선택할 수 있다. pH 페이퍼의 형태는 종이뿐만 아니라 플라스틱 스트립으로도 시판된다.

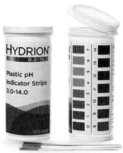

〈그림 8-2〉 여러 가지 pH 페이퍼 및 pH 스트립.

이후에, 전기화학의 원리를 이용한 pH 미터가 도입되었으며, 이는 pH 전극을 측정 용액에 담그기만 하면 pH가 표시된다.

8.3 pH 미터의 원리

유리막을 사이에 두고 양쪽에 용액이 있을 때, 양쪽 용액의 pH가 다르면 전위차가 발생하게 된다. 한쪽의 pH를 일정하게 유지하면서 반대쪽을 측정용액과 접촉시키면 반대쪽의 pH에 따라 일정한 전위차를 발생하게 된다. 이 전위차와 pH와의 상관 관계식을 이용하면 정확한 pH의 측정이 가능하다.

그림 8-3은 복합 전극 pH 미터의 구조를 나타낸다. 지시 전극(측정 전극) 하부에 있는 유리막을 통해 유리막 안쪽(표준 용액, pH=7)과 바깥쪽(측정 용액) 사이의 전위차를 측정하는 것인데, 유리막 양단의 전위를 직접 측정하기 어려우므로 기준이 되는 기준 전극(보통 Ag/AgCl 전극)을 사용하여 이 기준 전극과 지시 전극과의 전위차를 측정하여 사용한다. 이 경우에 다른 많은 전위차들이 더해지지만, 조건이 일정하므로 결과적으로는 유리막 양단의 전위차를 알 수 있게 된다. 기준 전극과 지시 전극을 별도로 사용하기 번거로우므로, 두 개가 합쳐진 복합 전극을 주로 사용한다.

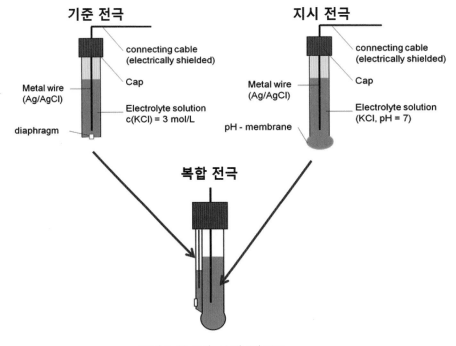

〈그림 8-3〉 복합 pH 전극의 구조.

pH 미터를 이용하여 pH를 측정할 때, pH와 측정된 전위차의 상관 관계식은 아래와 같다. 아래 식에도 나타나듯이 온도의 변화에 따라 pH가 변화하는 것을 주의하여야 한다.

$$E = E^0 + \frac{RT}{nF}\ln([H^+]) = E^0 + \frac{2.303RT}{nF}\log([H^+])$$

$$pH = -\log([H^+]) = \frac{(E^0 - E) \times n \times F}{2.303 \times RT} = \frac{(전위차) \times 1 \times 96,500}{2.303 \times 8.314 \times 298}$$

실제로 pH 미터에는 온도 탐침을 장착할 수 있게 되어 있어서, 측정 용액에 pH 전극과 온도 탐침을 모두 담가서 자동으로 온도의 영향을 보정하게 되어 있다. 더욱 편리하게 사용하도록 복합 전극에 온도 탐침을 추가한 pH 전극을 판매하기도 한다. 만약에 온도 탐침을 연결할 수 없는 pH 미터라면 측정한 온도를 직접 손으로 입력하는 기능이 있으며, 측정 용액의 온도를 입력하여야 정확한 pH를 측정할 수 있다.

pH 미터의 보정 방법은 다음과 같다. 이론적으로는 pH 7에서 전위차가 0 mV이어야 하므로, pH 7 표준용액에서의 전압을 측정하여 이를 기준점으로 삼는다. 이후 산성 용액을 측정하려면 pH 4 표준 용액을 이용하여 전압을 측정하고, pH 7과 pH 4의 측정 전압으로부터 기울기를 구하면 pH와 관련된 선형 방정식을 얻게 된다. 이를 이용하면 측정한 전압으로부터 모든 범위의 pH를 계산할 수 있다. 염기성 용액을 측정할 경우에는 pH 10 표준 용액을 사용하여, 앞과 동일한 과정을 거치면 된다. 상기의 방법을 2점 보정이라 하며, 경우에 따라서는 더 많은 점을 사용하여 보정할 수도 있다.

pH 전극에서 하부의 유리막 부분은 매우 민감하고 손상이 되기 쉬우므로, 유리막 표면의 물기를 닦을 때도 부드럽게 닦아야 한다. 또한 유리막 부분에 충격이 가지 않게 하여야 하며, pH 전극을 이용하여 용액을 휘젓는 것도 삼가야 한다. pH 전극의 유리막은 다공성 유리이므로 장시간 공기 중에 노출되면 내부의 전해액이 마르게 된다. 그러므로 장기간 사용하지 않을 때는 반드시 보관 용액(포화 KCl 수용액)에 담가서 보관하여야 한다. 표준 pH 용액은 pH가 변화하지 않는 완충 용액(Buffer solution)을 사용하는데, 보통 4.01, 7.00, 10.01의 세 가지가 사용된다. 이 완충 용액도 개봉하고 장시간이 경과하면 손상이 되므로, 사용한 지 수 개월이 지났다면 pH가 정상인지 확인하고 사용하여야 한다.

참고 문헌

1. 화학교재연구회, "화학의 원리", 녹문당, 2012
2. http://m.blog.naver.com/jiny202040/70142083187 "pH 측정 원리와 pH 미터의 원리"

실험 6	pH 미터의 보정

■ **실험 준비물**

표준 pH 용액 (4.01, 7.00, 10.01), pH 미터(OAKTON 5), pH 전극, 온도 탐침, 증류수 세척병, 10 ml 바이알 3개, 250 ml 비커 1개, 임의로 만든 산성 또는 알칼리성 용액

■ **실험 방법**

① pH 미터의 사용설명서를 숙지한다.

② pH 미터 본체에 온도 탐침과 pH 전극을 연결한다.

③ pH 미터를 이용하여 주어진 용액의 온도와 pH를 측정한다.

 (pH 전극은 pH를 측정하기 이전과 이후에 증류수 세척병을 이용하여 오염 물질을 씻어주어야 함)

④ 표준 pH 용액 3가지를 바이알 3개에 절반 정도 넣는다.

⑤ 표준 pH 용액 3가지의 pH와 온도를 측정한다.

⑥ USA 모드로 표준 pH 용액 3가지를 이용하여 사용설명서의 지시대로 pH 미터의 보정을 실시한다.

⑦ 보정이 완료된 후, 다시 표준 pH 용액 3가지의 pH와 온도를 측정하여 보정이 완료된 것을 확인한다.

⑧ pH 미터를 이용하여 주어진 용액의 온도와 pH를 측정한디.

※ pH 미터의 pH 전극은 소모품이며, 시간의 경과에 따라 전극 특성이 변하여 동일한 pH에 대해 측정한 전압이 계속 변화한다. 따라서 매주 보정을 하고 사용하는 것이 바람직하며, 장기간 사용하지 않았을 경우에는 반드시 보정을 하고 사용하여야 한다.

※ pH 전극은 공기 중에 장기간 노출되면 내부의 전해액이 증발하여 사용할 수 없게 되므로, 반드시 전용 보관용액(KCl 포화 수용액)에 담근 상태로 보관하여야 한다.

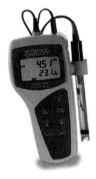

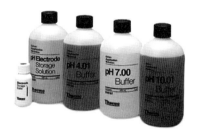

그림 1. pH 미터, pH 전극, 온도 탐침.   그림 2. 표준 pH 용액 및 보관용액.

※ 표준 pH 용액은 원래 무색이며, 사진의 제품은 구별의 용이성을 위해 색소를 첨가한 것이다.

표 1. pH 미터의 보정 실험

표준 pH 용액	보정 전		보정 후	
	pH	온도	pH	온도
4.01				
7.00				
10.01				
임의의 용액				

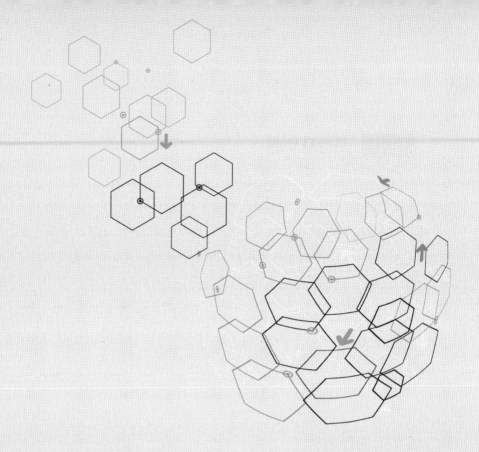

CHAPTER 9

고분자의 이해

9.1   고분자 이론

우리 주변에는 석유화학 산업에서 만들어진 수많은 고분자 물질(Polymer)이 사용되고 있다. 고분자 물질이 개발된 지 아직 100년도 지나지 않았지만, 고분자 물질이 없는 세상을 상상할 수 없을 정도로 비닐 봉투에서부터 식기, 스마트폰, 자동차 부품에 이르기까지 모든 영역에서 다양한 종류의 고분자 물질이 사용되고 있다.

일반 화학반응은 몇 개의 분자들이 서로 반응하여 생성물을 만들지만, 고분자 합성 반응은 한 종류 또는 몇 종류의 분자들이 수천~수만 개까지 결합하여 거대한 고분자를 형성하게 된다.

9.1.1 중합 반응

중합 반응(Addition polymerization)의 대표적인 예는 에틸렌으로부터 폴리에틸렌(polyethylene, PE)의 합성 반응이다. 폴리에틸렌은 우리 주변에 가장 널리 사용되며, 비닐 봉지로도 흔히 사용된다. 그림 9-1에 폴리에틸렌 중합 반응의 과정을 나타내었다. 반응의 출발점은 에틸렌이며, 이 기본이 되는 물질을 단량체(monomer)라고 부른다.

고분자 중합 반응이 진행되기 위해서는 에틸렌 라디칼(radical)이 형성되어야 하는데, 이는 자연적으로 만들어 주기 어려우므로, 라디칼 생성이 용이한 R-O-O-R과 같은 개시제(initiator)를 소량 첨가하여 개시 반응(initiation)을 일으킨다.

라디칼로 분해된 개시제가 에틸렌과 반응하면, 에틸렌 라디칼이 되며, 이 라디칼은 에틸렌과 다시 반응하여 더욱 긴 에틸렌 라디칼이 된다. 이러한 반응이 계속 반복적으로 일어나면서 에틸렌이 계속 결합되게 되는데, 이 과정을 전파 반응(propagation)이라고 한다.

전파 반응이 일어나고 있는 고분자끼리 만나게 되면, 라디칼이 상쇄되어 더 이상 전파 반응이 일어나지 않게 된다. 이를 종료 반응(termination)이라고 한다. 전파 반응과 종료 반응의 정도를 조절하면 에틸렌이 중합된 정도를 조절할 수 있다.

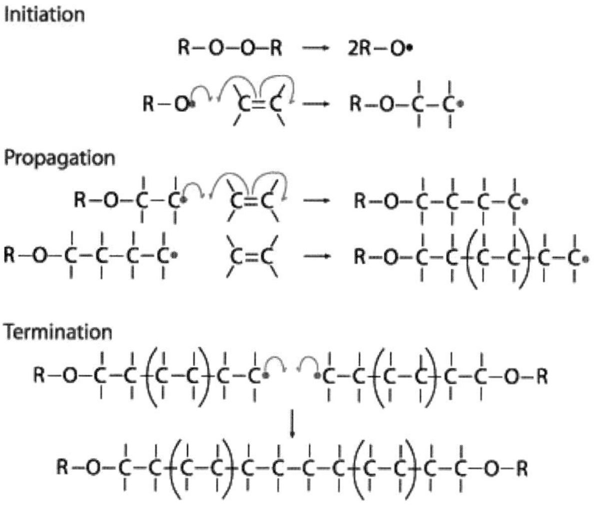

〈그림 9-1〉 폴리에틸렌의 합성 과정.

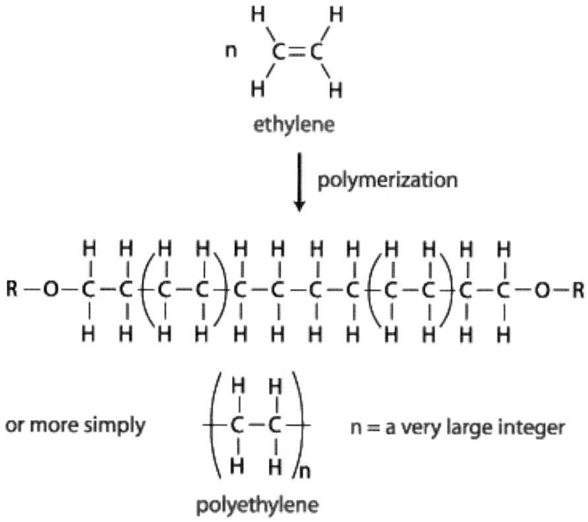

〈그림 9-2〉 단량체 및 고분자의 표현.

　　그림 9-2는 일반적으로 단량체와 고분자를 표기하는 방법을 보여준다. 에틸렌 단량체가 고분자 중합반응을 거치게 되면 그림 중간에 보이듯이 그릴 수 없을 정도로 굉장히 긴 폴리에틸렌 구조를 가지게 되며, 이는 표기하기 번거롭다. 이를 간단히 표기하는 방법은 반복되는 분자 구조 단위를 괄호로 묶어서 표시한 후, 아래 첨자로 몇 번 반복되는지를 적는 것이다. 보통은 반복되는 개수를 특정하기 어려우므로 n으로 표시한다.

고분자의 특성을 나타내는 쉬운 방법으로 평균 분자량이 있으며, 평균 분자량은 단량체가 결합된 개수를 평균하여 표시하는 수평균 분자량(M_n, number-average molecular weight)과 고분자의 중량을 평균하여 표시하는 중량평균 분자량(M_w, weight-average molecular weight)이 있다.

9.1.2 축합 반응

축합 반응(Condensation polymerization)은 중합반응과 달리 라디칼이 개입하지 않으며, 한 종류 또는 여러 종류의 단량체가 서로 말단의 관능기를 이용하여 결합하는 반응이 지속적으로 일어나는 것이다. 이런 관능기끼리의 반응에서는 필연적으로 물이나 메탄올과 같은 작은 분자가 발생하게 된다. 이처럼 단량체끼리의 반응과정에서 작은 분자가 떨어지는 것을 축합 반응이라고 부른다.

그림 9-3은 우리가 자주 마시는 음료수 병의 소재로 흔히 사용되는 PET(poly(ethylene terephthalate))의 축합 반응을 나타낸다. 카복실기(carboxyl group)를 가지는 테레프탈산(terephthalic acid, TPA)과 알코올기를 가지는 에틸렌글리콜(Ethylene glycol, EG)이 반응하면, 카복실기와 알코올기가 반응하여 에스터기(Ester group)가 되면서 물이 빠지게 된다. 이처럼 테레프탈산과 에틸렌글리콜이 교차하면서 반복적으로 반응하면 중합도가 큰 고분자가 되게 된다.

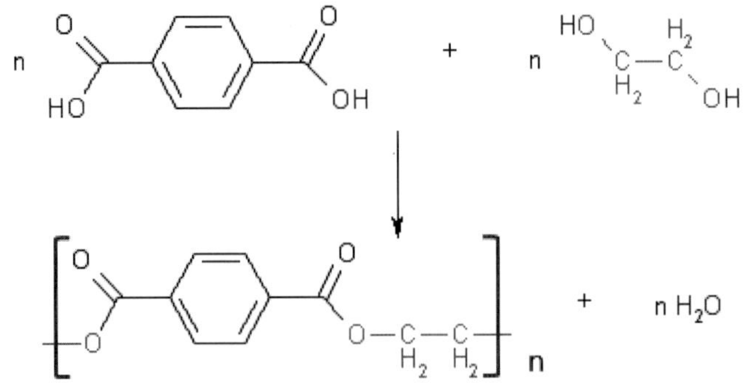

〈그림 9-3〉 PET 축합 반응.

9.2 　고분자의 종류

고분자는 크게 열가소성 고분자(thermoplastic polymer)와 열경화성 고분자(thermosetting polymer)로 나누어지며, 그림 9-4에 종류별로 대표적인 고분자를 나타내었다.

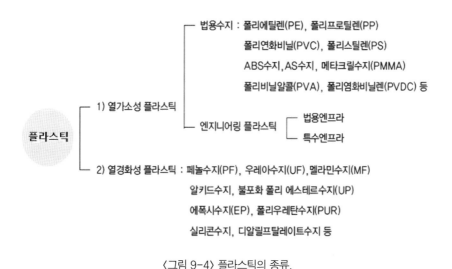

〈그림 9-4〉 플라스틱의 종류.

　열가소성 고분자는 가열을 통해 물렁물렁하게 만든 후 금형에 사출하거나 일정한 단면적을 가진 다이(Die)를 통해 압출한 다음 냉각시켜 고화시킨 플라스틱을 말하며 가열, 성형 공정 중 고분자의 화학적 변화 없이 물리적인 변화만 수반되는 고분자를 말한다. 간단히 생각하면 열을 가하면 연화되어 용융이 일어나고 냉각하면 다시 고화되는 고분자를 말한다. PE(폴리에틸렌), PP(폴리프로필렌), PVC(폴리염화비닐), PS(폴리스티렌), ABS(아크릴로니크릴 부타디엔 스티렌)를 5대 범용수지라고도 한다.

　열가소성 고분자 중에서 엔지니어링플라스틱(engineering plastics, enpla, 엔프라)이라고 부르는 고분자는 금속을 대체할 수 있는 고성능 플라스틱으로 강도와 탄성이 좋고 100℃ 이상에서도 견딘다. 중요한 엔지니어링플라스틱에는 폴리아미드, 폴리아세탈, 폴리카보네이트, 폴리에틸렌 테레프탈레이트, 변성 폴리페닐렌옥사이드 등이 있다.

　열경화성 고분자는 열을 가하면 일단 물렁물렁해졌다가 바로 내부에서 고분자 사슬 간에 화학 결합이 생기면서 경화한다. 일단 경화한 이후에는 재가열해도 물렁물렁해지지 않으며, 원상태로 돌아오지 않는다. 열경화성 고분자는 경도가 높아 기계적 성질이나 전기적 성질이 뛰어나므로 공업재료나 식기 등으로 폭넓게 쓰이고 있다. 일반적으로 널리 알려진 열경화성 고분자로는 페놀수지, 요소수지, 멜라민수지, 폴리우레탄, 에폭시수지 등이 있다.

9.3 Nylon-6,6 합성

　나일론(Nylon)은 폴리아미드(polyamide) 계열의 열가소성 고분자이며, 1930년에 듀폰사 (Dupont)에서 개발한 제품의 이름이다. 나일론은 최초로 상업적으로 성공한 고분자로서 개발된 이후에는 스타킹, 의류, 낙하산 등의 소재로 다양하게 널리 사용되었다.

　그림 9-5에 산업에서 나일론-6,6을 합성하는 과정을 나타내었다. 단량체로서 카복실기 (carboxyl group)를 가지는 아디프산(Adipic acid)과 아민기(amine group)를 가지는 헥사메틸렌 디아민(Hexamethylene diamine)을 사용하며, 이 둘을 반응시키면 카복실기와 아민기가 반응하여 물이 생성되고, 아미드기(amide group)가 만들어지면서 두 단량체가 결합하게 된다. 이러한 과정을 반복하면 폴리아미드 고분자인 나일론-6,6이 만들어지게 된다. 6,6의 의미는 아디프산의 탄소 숫자 6개와 헥사메틸렌 디아민의 탄소 숫자 6개를 뜻한다.

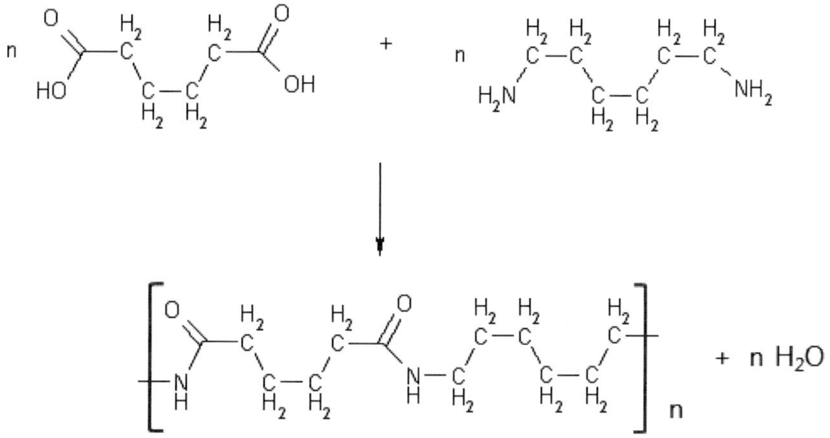

〈그림 9-5〉 상업용 Nylon-6,6 합성 반응.

　실험실에서 앞의 두 단량체를 사용하여서는 고압 고온 조건을 줄 수 없어서 나일론-6,6의 합성이 잘 되지 않는다. 따라서 실험실에서는 보다 반응성이 강한 아디포일 클로라이드 (Adipoyl chloride)와 헥사메틸렌 디아민을 사용하여 나일론-6,6을 합성하며, 그 반응식은 그림 9-6과 같다. 중합 반응이 진행됨에 따라 유독한 염산 가스가 발생하므로, 반드시 실험을 후드 안에서 진행하여야 한다.

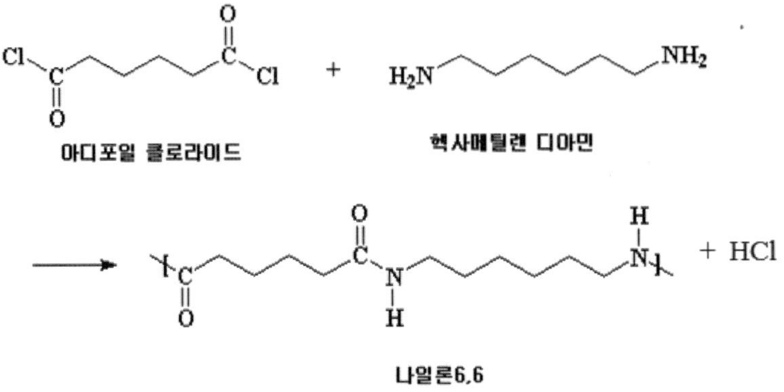

〈그림 9-6〉 실험실에서의 Nylon-6,6 합성 반응.

나일론-6,6은 상업적인 성공을 거두었으며, 이후에 이보다 개선된 방법을 이용하여 나일론-6가 개발되게 되었다. 이는 그림 9-7에 보이듯이 카프로락탐(Caprolactam)의 개환 중합 반응(ring-opening polymerization)을 통해 제조되며, 별도로 생성되는 물질이 없이 순수한 중합반응을 하게 된다. 6의 의미는 카프로락탐의 탄소 숫자가 6개인 것을 뜻한다.

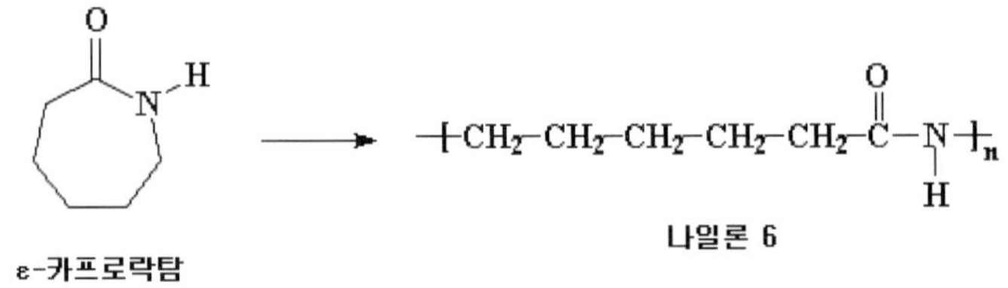

〈그림 9-7〉 카프로락탐의 개환 중합 반응에 의한 Nylon-6 합성 반응.

참고 문헌

1. J. R. Fried(김대수, 노인섭, 박문수, 이명천, 장정식 번역), "고분자공학개론" 자유아카데미, 2015

2. 정진철, "생활속의 화학과 고분자", 자유아카데미, 2010

3. http://mslab.polymer.pusan.ac.kr/polymer/sub2/sub2_15.html

실험 7   Nylon-6,6의 합성

■ **실험 준비물**

1,6-diaminohexane(Hexamethylene diamine), Adipoyl chloride, NaOH, Hexane,
100 ml 삼각플라스크 2개, 250 ml 비커 1개, 유리막대

■ **실험 방법**

① 용액 A를 제조한다.

    a. 3 g의 1,6-diaminohexane을 100 ml 삼각플라스크에 넣는다.

    b. 1 g의 NaOH를 넣고, 50 ml의 증류수를 넣는다.

    c. 잘 저어서 완전히 녹인다.

② 용액 B를 제조한다.

    a. 1.5 ml의 adipoyl chloide를 100 ml 삼각플라스크에 넣는다.

      (※ 염산 가스가 발생하므로 반드시 후드 안에서 작업)

    b. 50 ml의 hexane을 넣고 잘 녹인다.

③ 용액 A를 후드 안에 있는 250 ml 비커에 붓는다.

    (※ 염산 가스가 발생하므로 반드시 후드 안에서 작업)

④ 용액 B를 조심스럽게 250ml 비커에 부어, 두 용액이 두 개의 층으로 존재하게 만든다.

    (용액A가 든 비이커에 용액B를 벽 쪽으로 기울여 따르면 잘 됨)

    (계면에 흰색의 필름이 생김)

⑤ 유리막대를 비커의 계면 부분에 넣었다가 잡아당기면 계면에서 생성된 Nylon-6,6 필름이 딸려 나
온다.

※ 계면에서 A와 B 용액의 접촉에 의해 계속 중합 반응이 일어나며, 이는 A나 B 둘 중의 한 용액의 반응
물이 고갈될 때까지 계속 진행된다.

그림 1. Nylon-6,6의 계면중합.

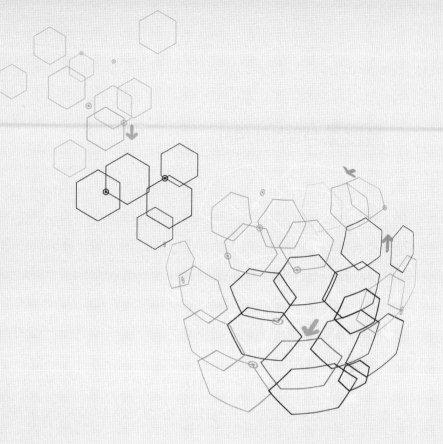

CHAPTER 10

태양전지의 이해

10.1 태양전지 역사

　태양전지(Solar Cell 또는 Photovoltaic cell)는 태양으로부터 지구에 오는 빛 에너지를 직접 전기에너지로 변환하는 전지를 말한다. 1954년에 벨 연구소(Ball Laboratory)에서 피어슨(G. Pearson), 채핀(D. Chapin), 풀러(C. Fuller)가 실리콘 반도체 소자를 이용하여 최초의 실용적인 태양전지를 개발하였으며, 이의 발전 효율은 약 4 % 수준이었다.

　실리콘 태양전지는 현재까지 가장 널리 사용되고 있으며, 꾸준한 개발을 통해 현재는 발전효율이 실험실 수준에서는 20% 이상을 달성하였으며, 판매되는 제품의 경우에도 16~18%의 발전효율을 가진다.

　실리콘 태양전지 이외에도 박막 태양전지, 화합물 반도체 태양전지, 염료감응형 태양전지, 유기 태양전지 등의 여러 가지 다양한 원리의 태양전지들이 활발히 개발되고 있다.

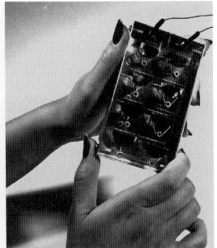

〈그림 10-1〉 실리콘 태양전지를 발명한 3인(왼쪽부터 Gerald Pearson, Daryl Chapin, Calvin Fuller)과 최초의 태양전지.

10.2 태양전지 이론

10.2.1 태양광 스펙트럼

태양광은 그림 10-2에 보이듯이 5,800 K의 흑체가 복사하는 것과 같은 전자기파를 방출한다. 태양광 표면에서 지속적인 핵융합 반응이 일어나므로, 고에너지의 전자기파도 발생한다. 하지만 이들은 지구를 둘러싸고 있는 밴 앨런대(Van Allen Belt)와 전리층에 의해 차단되고, 지구 표면에는 자외선보다 낮은 에너지의 전자기파만이 도달한다. 이렇게 지표면에 도달한 전자기파들도 대기권에 일부가 흡수된 이후에 지표면에 도달하는데, 오존층의 오존은 자외선을, 대기권의 물과 이산화탄소는 적외선을 흡수한다. 지표면에 도달한 태양광 에너지의 51 %는 적외선(700 ~ 1,000,000 nm), 47 %는 가시광선(380 ~ 780 nm)이고 나머지 2 %만이 자외선(100 ~ 400 nm)이다. 태양광 발전에는 주로 자외선 영역이 사용되며, 이를 가시광선 영역으로 확장하고자 하는 연구들이 진행되고 있다.

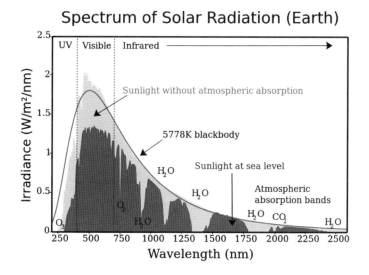

〈그림 10-2〉 태양광 스펙트럼.

　지구표면에 도달하는 태양광의 에너지는 약 1 kW/m²이며, 15% 효율의 태양전지로 발전을 하면, 1 m²당 약 150 W의 전력 생산이 가능하다. 태양광 발전의 가장 큰 장점은 햇볕이 있는 한 공짜로 발전이 된다는 것이며, 가장 큰 단점은 일조량에 따라 발전량이 변하는 것이다. 우리나라의 평균 일조시간은 4시간 정도이며, 이는 태양전지로 하루에 발전되는 전력량이, 쨍쨍 쬐는 햇볕에서 4시간 발전한 것과 동일함을 뜻한다.

10.2.2 실리콘 태양전지의 발전원리

　태양전지의 발전원리는 그림 10-3과 같이 P-N 접합을 가지는 실리콘 반도체 계면에 빛을 쏘이면 전자와 정공이 발생하는 것이다. 계면까지 빛이 투과하여야 하므로, N형 실리콘은 매우 얇아야 한다. 일단 계면에 적절한 수준의 빛 에너지가 전달되면, 발생한 전자는 N형 반도체 쪽으로, 정공은 P형 반도체 쪽으로 이동하게 된다. 이 P-N 반도체 태양전지의 앞면과 뒷면에 전극을 만들고 이 전극을 전구 같은 외부의 부하에 연결하게 되면 전위차에 의해 전류가 흐르게 된다. 이처럼 태양전지가 직접 빛에너지를 전기에너지로 변환시키게 되며, 이를 반도체의 광전효과라고 한다.

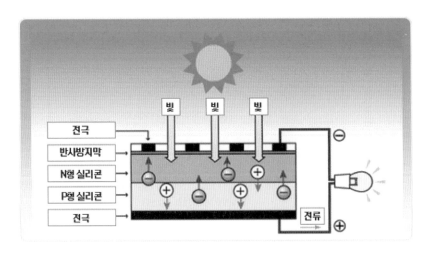

〈그림 10-3〉 실리콘 반도체 태양전지의 원리.

보통 태양전지 뒷면에는 알루미늄(Al) 막을 코팅하여 전극으로 사용하며, 앞면은 태양광이 투과하여야 하므로, 최대한 가늘게 은(Ag) 선을 격자 형태로 코팅하여 전극으로 사용한다. 또한 태양전지 표면에서의 빛의 반사에 의한 손실을 줄이기 위해 반사방지막을 코팅한다.

앞에서 설명한 것과 같은 것을 태양전지 셀(cell)이라고 하며, 이러한 셀의 여러 개 조합을 프레임 안에 장착하여 사용할 수 있는 제품으로 만든 것을 태양전지 모듈(module)이라고 한다. 태양전지 모듈은 정격 직류 출력을 제공하며, 이를 적절한 전압의 교류로 변환하는 인버터를 거치게 되면, 우리가 가정에서 사용할 수 있는 전력이 된다. 경우에 따라서는 모듈을 여러 개 결합하여 사용하기도 하는데, 이를 태양전지 어레이(array)라고 한다.

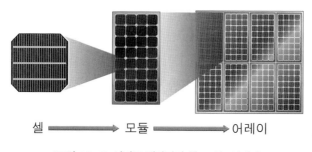

셀 ⟹ 모듈 ⟹ 어레이

〈그림 10-4〉 실리콘 태양전지 셀, 모듈, 어레이.

태양전지 발전 시스템을 구성할 때, 각각의 태양전지가 하나의 전지처럼 작동하므로 여러 장의 태양전지를 직렬로 연결시키면 전압이 증가하고 병렬로 연결시키면 전류가 증가하게 된다.

태양전지는 빛이 있을 때에만 발전이 가능하므로 전력망을 관리하는 입장에서 선호하는 안정적인 발전원이 되지 못한다. 이를 극복하기 위해서 태양전지와 에너지 저장시스템을 조합하여 사용하기도 한다. 즉, 전력 저장용 배터리와 태양전지를 결합하여 태양전지 발전을 할 때에는 전력망으로의 송전과 배터리 충전을 병행하고, 태양전지가 발전하지 않을 때에는 배터리에 저장된 전력을 전력망으로 송전하는 것이다.

10.3 태양전지 종류

태양전지는 재료, 형태, 작동원리에 따라서 분류할 수 있다.

- 재료: 실리콘계 태양전지, 화합물계 태양전지, 유기물계 태양전지
- 형태: 결정형, 박막형, 적층형
- 원리: 반도체 접합형(p-n접합), 광전기화학형

10.3.1 결정질 실리콘 태양전지

고순도 실리콘을 제조하기 위한 복잡한 제조공정과 비교적 높은 실리콘 가격에도 불구하고 결정질 실리콘 태양전지가 태양광 시장을 주도하고 있다. 이는 실리콘의 매장량이 풍부하고, 이를 이용하여 만든 실리콘 태양전지가 높은 효율을 가지며 수 십 년의 수명을 가지기 때문이다.

(1) 단결정 실리콘 태양전지

단결정 실리콘 태양전지(single crystalline silicon solar cell)는 가장 오래된 태양전지이며, 일조량이 적을 때도 비교적 발전이 양호하다. 현재 단결정질 실리콘 태양전지의 발전효율은 실험실에서는 20 % 이상을 나타내고 있으며 시판 제품도 16~18 %의 발전효율을 나타낸다.

단결정 실리콘 태양전지의 제조는 실리콘 광석을 전기로에서 정제시켜 고순도 폴리실리콘을 만드는 것부터 시작된다. 이 폴리실리콘을 석영도가니에 넣고 소량의 불순물(붕소 또는 인)을 함께 넣어 고온으로 용융시켜 원주 모양의 단결정질 실리콘 잉곳(Ingot)을 만든 후 이것을 약 200 ㎛ 두께로 얇게 절단한 것이 단결정 실리콘 웨이퍼이다. 이렇게 만들어진 단결정 실리콘웨이퍼 위에 p-n접합을 형성시킨 후, 내부의 전류가 밖으로 흐를 수 있도록 상부와 하부 전극을 만들고, 빛의 반사율을 줄이기 위하여 반사방지막을 입히면 단결정실리

콘 태양전지가 완성된다.

(2) 다결정 실리콘 태양전지

단결정 실리콘 태양전지는 효율이 좋고 신뢰도도 높지만, 가격이 비싼 단점이 있다. 이에 반해 다결정 실리콘 태양전지(polycrystalline silicon solar cell)는 단결정질에 비해 제조공정이 간단하고 가격도 저렴하지만 발전효율은 실험실 수준에서 15~17 %로 단결정보다 조금 낮다. 다결정 실리콘 웨이퍼의 제조방법은 실리콘 광석을 도가니에 넣고 높은 온도로 가열하여 녹인 후, 정제하여 일정한 틀에 부어 응고시키는 방법으로 잉곳을 만든다. 이런 주조 방법은 단결정질 제조 방법보다 간단하여 원가를 낮출 수 있고 대량 생산이 가능하다. 잉곳을 만든 이후의 제조 공정은 다결정질 실리콘의 경우와 동일하다.

다결정 잉곳을 자세히 보면 여러 부분에 실리콘 결정체의 경계선이 보이고 실리콘 원자의 결합 역시 불완전하게 되어 있는데, 이러한 구조적 결함으로 인하여 단결정 실리콘보다 발전효율이 낮다. 다결정 실리콘 태양전지는 양산 체제로 인하여 발전효율 대비 가격이 저렴하며 현재 나와 있는 태양전지 중 가장 많이 사용되고 있는 제품이다.

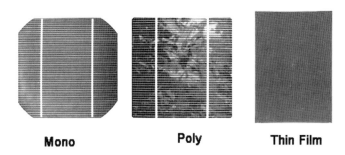

Mono　　　　**Poly**　　　**Thin Film**

〈그림 10-5〉 단결정(왼쪽), 다결정(중간), 비정질(오른쪽) 실리콘 태양전지.

10.3.2 박막형 태양전지

(1) 박막형 비정질 실리콘 태양전지

비정질 실리콘 태양전지(amorphous silicon solar cell)는 상업적으로 성공한 최초의 박막

형태의 태양전지이다. 하지만, 열화 현상으로 인하여 광흡수층의 두께 및 물성에 따라 최대 30 %까지 발전효율이 감소하고, 결과적으로 결정질 실리콘 태양전지보다 낮은 효율을 가진다. 재료의 가공기술과 보다 효율적인 태양전지 구조의 지속적인 연구를 통해 현재 비정질 박막 실리콘 태양전지의 발전효율은 약 12 % 이상을 기록하고 있다.

많은 기술 개발에도 불구하고 박막형 실리콘 태양전지의 시장점유율이 낮은 것은 해결해야할 몇 가지 문제점이 남아있기 때문이다. 우선적으로 결정질 실리콘 태양전지에 비하여 낮은 변환효율을 개선해야 하며, 제품을 대량생산하는 기술이 확보되어야 한다.

(2) 화합물 박막형 태양전지

화합물 태양전지는 실리콘 이외에 반도체 특성을 갖는 화합물로 구성된 태양전지를 뜻한다. 화합물 태양전지는 주로 박막형이며 크게 세 종류로 나누어진다.

- CdTe계 태양전지: 원소주기율표상 2족과 6족의 화합물
- CIGS계 박막형 태양전지: 구리(Cu), 인듐(In), 갈륨(Ga), 셀레늄(Se)으로 구성
- 황동광계(chalcopyrite) 화합물 태양전지: CuInSe, CuGaSe 등

CdTe 태양전지는 실리콘 태양전지 다음으로 널리 보급된 태양전지이다. 비록 중금속인 카드뮴이 소재로 사용되지만, 제조가 용이하고 변환효율이 우수하여 상업적으로 성공하였다. 하지만, 중금속인 카드뮴이 주요 소재인 것은 여전히 문제점이다.

CIGS계 박막형 태양전지는 광 흡수계수가 반도체 중 가장 높아 두께 1 - 2 μm의 얇은 박막으로도 고효율의 태양전지 제조가 가능하다. CIGS계 박막형 태양전지의 변환효율은 20 % 수준으로 주목받는 차세대 태양전지의 하나이다. 또 다른 장점은 유연성 있는 기판을 사용하여 구부릴 수 있는 플렉시블 태양전지를 만들 수 있는 것이다. 이러한 플렉시블 태양전지는 얇고 가벼워서 운반이나 시공이 쉽고, 롤 형태의 대형 태양전지로 제작도 가능하다. 이처럼 CIGS계 박막형 태양전지는 여러 가지 장점이 있지만, 주요 원료인 인듐의 자원량이 적다는 문제점을 가지고 있다.

황동광계 화합물 태양전지는 CIGS계 태양전지의 아류로서 인듐을 사용하지 않고 매장량

이 풍부한 원소를 소재로 사용하는 특징을 가지고 있다.

(3) 염료감응형 태양전지

염료감응형 태양전지의 가장 큰 장점은 고가의 실리콘을 사용하지 않고, 저가의 일반적인 소재를 사용하여 태양전지를 제조할 수 있다는 것이며, 따라서 제조가격이 저렴하다. 이러한 가격 측면 이외의 다른 장점으로 염료감응형 태양전지는 날씨가 흐려도 어느 정도 발전이 가능하며 또한 빛의 조사 각도가 10도만 되어도 전기가 생산된다. 그리고 투명 또는 반투명하게 만들 수도 있고 사용하는 유기염료의 종류에 따라 황색, 적색, 녹색, 청색 등 다양한 색상과 아름다운 무늬를 가진 태양전지도 만들 수 있어 앞으로 건물의 유리창 등 건축용으로 널리 활용될 것이다.

비정질 박막 실리콘과 거의 유사한 수준의 변환 효율을 가지지만, 액체 형태의 전해질을 사용하기 때문에 내구성이 약하여 아직까지 실용화가 본격적으로 되지 못하고 있다.

10.4 태양전지 효율

10.4.1 태양전지의 국제표준 시험조건

태양전지의 국제표준 시험조건(STC: Standard Test Condition)은 태양광 발전시스템의 성능을 평가 할 때 사용되는 국제적인 기준으로 아래 3가지의 조건을 충족하여야 한다.

- 대기 질량: AM 1.5
- 빛의 입사조도: 1,000 W/m²
- 태양전지 온도: 25 ℃

대기질량 정수(AM, Air Mass)는 태양빛이 통과하는 공기의 양에 해당하며, AM 0은 대기권 밖, 즉 공기를 하나도 지나지 않은 우주의 경우이며, AM 1은 빛이 수직으로 입사하는 적도부근의 경우이다. 우리나라를 비롯하여 많은 유럽 국가들이 모여 있는 위도 40도 지역은 AM 1.5에 해당되며 이를 표준 시험기준으로 한다. 맑은 하늘에서 AM 1.5일 때 일조강도는 1,000 W/m²이며 역시 이를 표준 시험기준으로 사용한다. 마지막으로 태양전지의 출력이 온도에 따라 민감하게 변하기 때문에 실온인 25 ℃를 표준 시험기준으로 하여 태양전지의 성능을 측정한다. 실제로 태양전지를 빛에 노출한 후 약 10분가량 지나면 온도가 30 ℃ 이상으로 증가하게 되는데, 정확한 표준 시험조건을 맞추기 위해서는 항온조나 냉각장치를 사용하여야 한다.

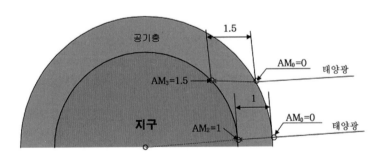

〈그림 10-6〉 대기질량 정수.

10.4.2 태양전지의 전압과 전류 측정

태양전지의 전압과 전류 측정은 태양전지의 전극에 부하를 연결시킨 후, 이 회로에 멀티미터(전압계, 전류계)를 연결하고, 태양광이나 유사 태양광을 태양전지에 비추어서 측정한다. 유사 태양광으로는 보통 제논 램프가 사용되며, 태양광 출력은 $0.1 \ W/cm^2$($1,000 \ W/m^2$)의 조건으로 실험한다.

이 때 $0.1 \ \Omega \sim 10 \ M\Omega$ 범위에서 저항을 변화시킬 수 있는 저항박스와 같은 장치를 사용하여 부하 저항의 값을 바꾸면서 측정하면 여러 가지 전압에서의 전류값을 측정할 수 있다. 이로부터 다음에 설명할 전압-전류 곡선을 얻을 수 있다.

전압을 측정할 경우에는 반드시 부하와 병렬로 연결하여야 하며, 전류를 측정할 경우에는 부하와 직렬로 연결하여야 한다. 만약 이를 반대로 연결하면 멀티미터가 손상될 수 있으니 주의하여야 한다.

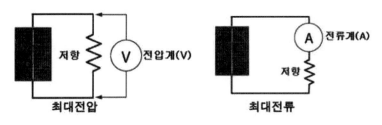

〈그림 10-7〉 최대전압 및 최대전류 측정 방법.

전압이 제로(0)일때의 전류를 단락전류(Short-circuit Current, I_{SC}), 태양전지에 전류가 흐르지 않을 때의 전압을 개방전압(Open-circuit Voltage, V_{OC})라고 한다. 개방전압과 단락전류는 그림 10-8과 같이 멀티미터로 직접 측정이 가능하다.

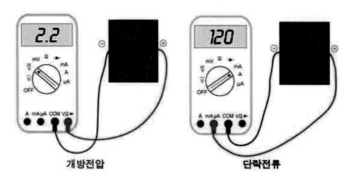

〈그림 10-8〉 개방전압 및 단락전류 측정 방법.

10.4.3 태양전지 전압-전류 곡선

태양전지의 전압-전류 곡선은 그림 10-9와 같이 한쪽 모서리가 둥그런 사각형 형태로 나타난다.

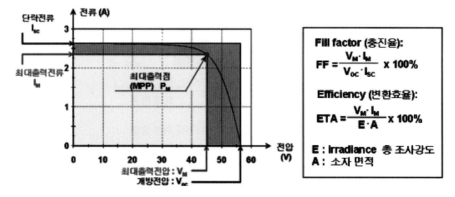

〈그림 10-9〉 태양전지의 전압-전류 특성 그래프.

태양전지에서 발생하는 전력은 전류와 전압을 곱하면 얻을 수 있으며, 그림 10-9에 보이듯이 최대전류(Max. current: I_M)와 최대전압(Max. voltage: V_M)이 만나는 점에서 발생한 전력이 태양전지의 최대출력(Max. power)값이 된다.

충진율(FF, Fill Factor)은 최대출력값을 개방전압과 단락전류의 곱으로 나눈 값을 퍼센트로 나타낸 것이다. 충진율이 클수록 특성이 좋은 태양전지이며, 보통 50 ~ 80 사이의 값을 가진다.

10.4.4 태양전지 효율

태양전지로 입사되는 빛에너지는 파장에 따라 태양전지를 투과하거나, 혹은 반사된다. 또한 태양전지의 온도를 상승시키면서 열로써 손실되기도 한다. 따라서 태양전자로 입사한 빛에너지 중에서 실제로 전기를 생산하는데 기여한 비율을 변환효율(efficiency)로 나타내고, 이를 태양전지의 성능 척도로 삼는다. 즉, 면적이 1 m²인 태양전지에서 1,000 W의 전기를 생산하였다면 변환효율은 100 %가 된다.

예를 들어 가로와 세로의 길이가 모두 16 cm인 태양전지의 이론적인 최대 변환전력은 25.6 W(0.16 X 0.16 X 1,000)가 되며, 실제 태양전지에서 5 W의 전기가 생산되었다면 변환효율은 5 W ÷ 25.6 W x 100 % = 19.5 %가 된다. 태양전지의 변환효율은 태양전지의 종류에 따라 다르며, 수 %에서부터 40 % 이상의 특수 용도의 고성능 태양전지도 개발되어 있다. 현재 가장 널리 사용되고 있는 실리콘 태양전지는 보통 16~18 %의 효율을 가진다.

10.5 태양광 발전 시스템

태양광발전시스템은 단순히 태양전지만 있는 것이 아니라, 태양광이 충분할 때 생산한 전기를 바로 전력 계통으로 송전하거나, 또는 적절한 전력저장 장치에 전기에너지를 저장하여 두었다가 필요할 때 사용하는 설비를 모두 포함한다.

10.5.1 독립형 태양광 발전시스템

태양전지로 생산한 전기를 모두 축전지에 저장하고, 전기가 필요할 때 마다 축전지에서 꺼내어 사용하는 방식을 독립형 태양광 발전시스템이라 부른다. 이 방식은 축전지 비용이 추가로 들지만 전력망에 접속하는 비용과 유지관리비 등을 줄일 수 있어 소비전력이 비교적 적거나 송전망으로부터 멀리 떨어진 경우에 사용된다.

전기가 들어오지 않는 오지에 설치된 태양광 발전장치, 무선통신기지국의 전원, 휴대용 태양광발전장치, 인공위성용 태양광 발전장치 등은 모두 독립형으로 분류할 수 있다.

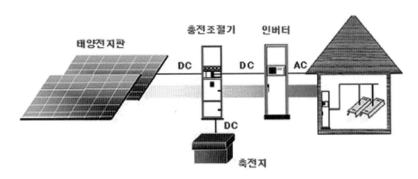

〈그림 10-10〉 독립형 태양광 발전시스템.

10.5.2 계통연계형 태양광 발전시스템

우리나라의 가정이나 건물에 설치되어있는 태양광 발전시스템은 일반적으로 축전지를 사용하지 않고 바로 전력회사(한전)의 송전망(계통)에 접속시킨다. 햇볕이 있는 낮에는 태양광 발전으로 생산된 전기를 바로 사용하면서 남는 전기는 전력회사(한전)에 판매하고, 야간이나 발전량이 모자랄 때는 한전에서 전기를 공급받아 사용하는 방식이다. 이러한 시스템을 계통연계형 태양광 발전시스템이라고 하며 독립형 태양광 발전시스템에서의 축전지 역할을 전력망이 하는 것이다.

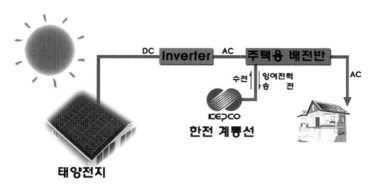

〈그림 10-11〉 계통연계형 태양광 발전시스템.

참고 문헌

1. https://www1.eere.energy.gov/solar/pdfs/solar_timeline.pdf

2. 박진남, 강광선, 김병욱, 윤동희, 이한상, 함상환, "에너지와 전기", 한티미디어, 2016

3. "태양광발전기초지식", http://solarcenter.co.kr

실험 8	태양전지의 전압-전류 특성 측정

■ 실험 준비물

태양전지 모듈, 저항박스 모듈, 제논 램프(또는 할로겐 램프), 바나나잭 달린 전선 6개

* 본 실험은 Dr FuelCell$^{®}$ Science Kit를 사용하는 것을 기준으로 설명하며, 이는 Heliocentris
   Energiesysteme GmbH(독일)사의 태양광 및 수소연료전지 교육용 kit이다
* Kit를 구할 수 없을 때는 동일한 기능의 대체품을 조합하여 실험이 가능하다.
* 저항박스 모듈이 없다면, 저항박스와 멀티미터 2개로 동일한 구성을 할 수 있다.

그림 1. 태양전지 모듈과 저항박스.

■ 실험 방법

① 태양전지 모듈과 저항박스 모듈의 전류단자를 연결한다.

② 저항박스 모듈의 전류단자와 전압단자를 연결한다.

③ 저항박스 모듈의 파워를 켠다. (Power ON)

④ 램프를 태양전지 모듈과 적당한 거리에 위치하게 한 후, 램프를 켠다.

⑤ 저항박스의 저항값을 바꾸면서 전압과 전류를 측정한다.

⑥ 측정한 전압과 전류를 이용하여, 전압-전류 곡선을 그린다.

⑦ 개방전압(V_{OC})과 단락전류(I_{SC})를 측정한다.

⑧ 최대전압과 최대전류를 결정한 후, 이를 이용하여 충진률(Fill Factor)을 계산한다.

* 램프와 태양전지 모듈을 너무 가까이 두면 태양전지 모듈이 고온에 의해 손상되므로, 태양전지 모듈의 온도가 60 ℃가 넘지 않도록 주의한다.
* 실험 중 저항박스 모듈이 램프에 의해 가열되지 않도록 충분히 거리를 둔다.
* 실험 중 태양전지 모듈과 램프와의 거리는 일정하게 유지한다.

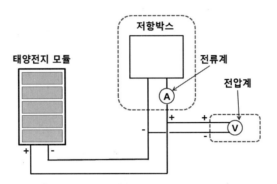

그림 2. 태양전지 전압-전류 특성 측정실험의 회로도

표 1. 태양전지의 전압-전류 측정

저항	전압(V)	전류(mA)	저항	전압(V)	전류(mA)

개방전압: V_{OC} =   V   단락전류: I_{SC} =   mA

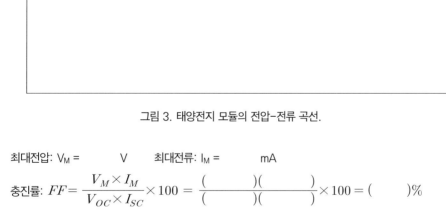

그림 3. 태양전지 모듈의 전압-전류 곡선.

최대전압: $V_M =$　　　V　　　최대전류: $I_M =$　　　mA

충진률: $FF = \dfrac{V_M \times I_M}{V_{OC} \times I_{SC}} \times 100 = \dfrac{(\quad\quad)(\quad\quad)}{(\quad\quad)(\quad\quad)} \times 100 = (\quad\quad)\%$

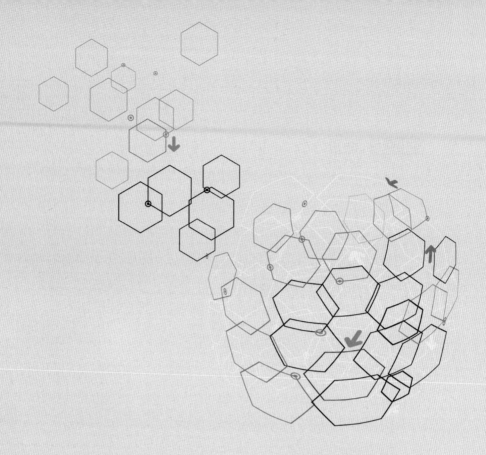

CHAPTER 11

피팅과 밸브

11.1 배관

우리 주변에는 알게 모르게 많은 배관(piping)이 설치되어 있다. 가정에는 가스 배관, 수도 배관 등이 들어오고 있으며, 이들 배관들은 LNG 가스기지 및 취수장으로부터 가스와 물을 가정까지 연결하여 준다. 이처럼 배관은 기체 또는 액체와 같은 유체를 원하는 장소까지 누설 없이 이동시키는 기능을 한다.

배관의 요소로는 파이프(pipe), 밸브(valve), 피팅(fitting) 등이 있다. 피팅은 파이프와 파이프 또는 파이프와 밸브를 연결할 때 사용되는 다양한 배관용 체결 부품을 통칭하는 용어이다. 이러한 배관의 요소들을 적절히 조합하면, 레고를 조립하는 것처럼 원하는 다양한 형태로 유체의 흐름을 조정할 수 있는 배관 시스템을 구상할 수 있다. 배관 요소들의 선정에 있어서는 사용압력, 사용온도, 사용 유체의 특성을 고려하여 이에 적합한 소재로 만들어진 것을 사용하여야 한다.

그림 11-1에 우리 주변에서 볼 수 있는 배관의 예를 나타내었으며, 그림 11-2에는 공장에 설치된 배관의 예를 보였다.

〈그림 11-1〉 파이프, 피팅, 밸브를 사용한 배관의 예.

〈그림 11-2〉 배관이 설치된 플랜트 전경.

11.2 튜브와 파이프

우리는 통상적으로 속이 빈 원통형의 관을 파이프 또는 튜브(tube)라고 부른다. 파이프와 튜브는 구별할 수 있으며, 아래와 같은 차이점을 가진다.

- 튜브는 단면이 사각형이나 원형을 가질 수 있지만, 파이프는 단면이 원형이나 타원형이다.
- 튜브는 쉽게 구부릴 수 있지만, 파이프는 구부리기 어렵다.
- 튜브는 외경(OD, outer diameter)으로, 파이프는 내경(ID, inner diameter)으로 규격을 표시한다.
- 통상적으로 튜브는 가는 관, 파이프는 굵은 관을 지칭한다.
- 튜브는 피팅을 이용하여 용이하게 체결이 가능하나, 파이프는 플랜지(flange), 나사(thread) 또는 용접(welding) 등을 통해 체결하므로, 훨씬 작업이 번거롭다.

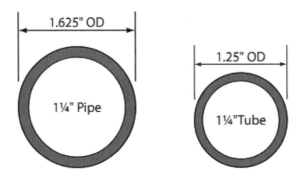

〈그림 11-3〉 파이프와 튜브.

튜브의 재질은 황동(brass), 스테인리스 스틸(SS 316), 테플론(teflon) 등 필요에 따라 선택이 가능하다.

튜브는 외경으로 규격을 표시하며, 인치 및 미터의 두 가지 단위의 제품이 생산된다. 현재까지도 인치법의 제품이 더 많이 사용되고 있다. 표 1에는 주로 시판되는 튜브의 인치 규격 및 이와 호환 가능한 미터 규격을 나타내었다. 인치 규격과 미터 규격은 엄격하게는 차이가 있으므로, 호환하여 사용할 경우에는 주의하여야 한다.

〈표 11-1〉 튜브의 미터 및 인치 규격

inch (mm)	1/16 (1.6)	1/8 (3.2)	1/4 (6.4)	3/8 (9.5)	1/2 (12.7)	3/4 (19.0)	1 (25.4)	1-1/4 (31.7)	1-1/2 (38.1)	2 (50.8)
mm	–	3	6	9	13	19	25	32	38	51

11.3 피팅

피팅은 튜브와 튜브 또는 튜브와 밸브를 연결하는데 사용된다. 가장 보편적으로 사용되는 것은 같은 규격의 튜브와 튜브를 1대 1로 연결하는 union이며, 그림 11-4와 같이 생겼다. 이 후로는 가장 표준적으로 사용되는 swagelok사의 제품을 기준으로 설명하도록 하겠다.

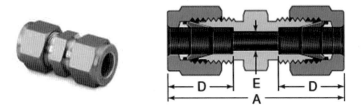

〈그림 11-4〉 유니언의 형상 및 내부 구조.

체결부는 페룰(ferrule)을 이용하여 기밀을 유지하게 되는데, 그림 11-5에 보이듯이 페룰은 프론트 페룰(front ferrule)과 백 페룰(back ferrule)의 두 부분으로 구성된다. 그림에 보이듯이 튜브에 두 페룰을 끼우고 백 페룰의 뒤쪽에 너트를 조이면 백 페룰의 앞부분(hinge point)이 프론트 페룰의 안쪽으로 파고 들어가면서 프론트 페룰의 뒷부분을 넓어지게 한다. 이 때 프론트 페룰의 앞부분이 튜브로 파고 들어가면서 튜브와 프론트 페룰 사이가 완전히 밀봉되게 된다. 이 과정에서 프론트 페룰의 앞쪽 바깥 면은 유니온 몸체의 연결부위(fitting body)와 완전히 밀착하여 밀봉하게 된다. 이와 같은 기밀 구조를 통해 스테인리스 스틸 재질의 경우 보통 수백 기압까지 기밀을 유지할 수 있으며, 정확한 사용 압력범위는 카탈로그에서 확인할 수 있다. 보통 튜브가 굵을수록 최대 사용압력이 낮다.

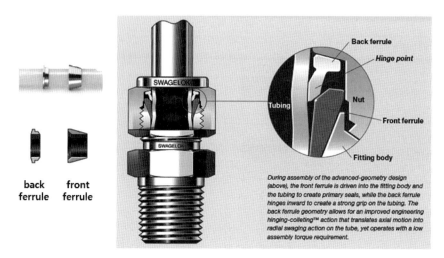

<그림 11-5> 페룰 형상과 구조 및 페룰의 체결 원리.

　페룰을 사용하는 모든 피팅은 앞에서 설명한 원리로 체결이 되며, 피팅 몸체의 형상에 따라 표 11-2과 같이 다양한 종류로 구별할 수 있다. 여기에 제시한 것은 가장 기본적인 제품군이며, 실제로는 훨씬 다양한 제품군이 있다. 피팅을 잘 선택하게 되면, 최소한의 개수의 피팅을 사용하여 더욱 간단하게 원하는 기능을 달성할 수 있다. 피팅의 재질은 황동, 스테인리스 스틸, 테플론 등 다양한 종류가 있으며, 튜브와 동일한 재질을 사용하는 것이 바람직하다.

　앞에서 설명한 것은 페룰을 사용하여 기밀을 유지하는 피팅들이며, 기밀을 위해 페룰 말고 오링(o-ring)을 사용하는 VCO 계열의 피팅 또는 금속 개스킷을 이용하는 VCR 계열피팅이 있다. 이들 다른 계열의 피팅들도 동일하게 유니언, 리듀싱 유니언, 티, 크로스 등의 제품군을 가지고 있다.

〈표 11-2〉 페룰을 적용한 여러 가지 피팅

명칭	형상	기능	비고
Union		동일 규격의 튜브 2개를 연결	
Reducing union		다른 규격의 튜브 2개를 연결	
Cap		튜브의 끝을 막음	
Plug		너트 대신 사용하여 너트 부분을 막음	
Elbow		90도로 구부러진 유니언	45도 각도의 엘보우도 있음
Tee		동일 규격의 튜브 3개를 연결	세 부분의 규격이 다를 수 있음
Cross		동일 규격의 튜브 4개를 연결	네 부분의 규격이 다를 수 있음
Nut			개별 판매
Front ferrule			개별 판매
Back ferrule			개별 판매

페룰을 이용한 튜브의 체결은 영구적인 체결을 위한 것이며, 이를 다시 풀었다가 연결하는 것을 반복하는 것은 기밀 측면에서 좋지 않다. 튜브를 자주 연결하였다가 풀어야 할 경우에는 이를 손쉽게 할 수 있는 퀵 커넥터(Quick connector)를 사용하는 것이 편리하다. 퀵 커넥터는 그림 11-6에 보이듯이 수나사에 해당하는 스템(Stem) 부분과 암나사에 해당하는 몸체(Body) 부분으로 나누어진다. 스템을 몸체에 끼우면 딸각하면서 연결이 되며, 스템과 몸체의 바깥 부분을 뒤로 밀면서 잡아당기면 분리가 된다. 분리되었을 경우에는 자동으로 내장된 밸브가 작동을 하여 스템과 본체에서의 누설을 막게 된다.

Stem   Body

〈그림 11-6〉 퀵 커넥터.

11.4 밸브

배관을 설치할 경우, 유체의 흐름을 막거나 방향을 바꿔야 할 경우가 있다. 이를 위해 밸브를 사용할 수 있으며, 다양한 기능을 가지는 여러 가지 원리의 밸브들이 있다. 밸브의 재질 역시 튜브와 동일한 것을 사용하는 것이 바람직하다.

11.4.1 볼 밸브

볼 밸브(ball valve)는 말 그대로 밸브의 가운데에 구멍이 뚫린 볼이 들어있는 것이다. 그림 11-7에 보이듯이 손잡이를 돌리면 볼이 회전하게 되며, 볼의 위치에 따라 밸브가 열리거나 닫히게 된다. 직선형 볼밸브는 볼 내부의 구멍이 직선으로 뚫려 있고, 직각형 볼 밸브의 경우에는 볼 내부의 구멍이 직각인 'ㄱ'자로 뚫려 있다.

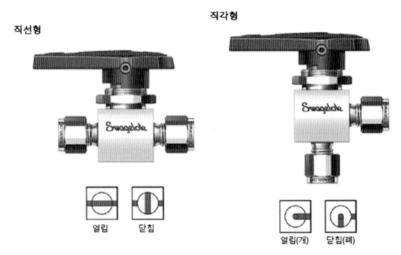

〈그림 11-7〉 볼 밸브의 구조 및 작동원리.

(1) 2-방향 볼 밸브

그림 11-7에 보인 것이 2-방향(2-way) 볼 밸브이며, 튜브를 통한 유체의 흐름을 개폐하는
역할을 한다.

(2) 방향 전환형 볼 밸브

그림 11-8에는 여러 가지 방향전환형 볼 밸브를 나타내었다. 3-방향(3-way) 볼 밸브의 경
우, 손잡이의 위치에 따라 아래쪽과 왼쪽 또는 오른쪽을 선택하여 연결할 수 있으며, 손잡이
를 가운데 두면 아래쪽과 어느 쪽도 연결되지 않게 할 수 있다.

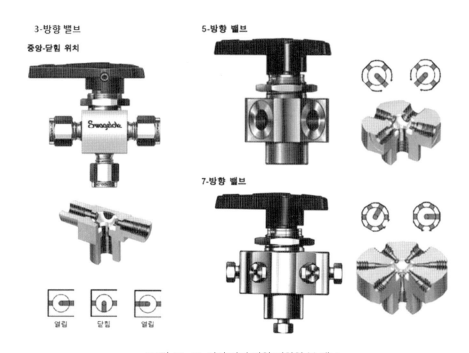

〈그림 11-8〉 여러 가지 방향 전환형 볼 밸브.

(3) 교차형 볼 밸브

짝수 개로 표현되는 볼 밸브는 교차형이며, 그림 11-9에 4-방향(4-way) 볼 밸브를 나타내
었다. 이는 유체의 출입구가 4군데라서 4-방향 밸브라고 부르며, A → A', B → B'로 흐르던
흐름을, 밸브를 한 번 돌려서 A → B, A' → B'로 바꾸어주는 역할을 한다. 4-방향 밸브 외에
6-방향, 8-방향 밸브도 있다.

〈그림 11-9〉 4-방향 볼 밸브.

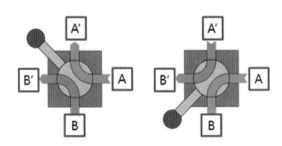

〈그림 11-10〉 4-방향 볼 밸브의 동작.

11.4.2 니들 밸브

니들 밸브(needle valve)는 이름대로 손잡이 아래쪽에 끝 부분이 테이퍼 형태인 원형 기둥(stem)이 붙어 있는 것이다. 손잡이를 돌리면 이 기둥이 올라갔다 내려갔다 하면서 유체가 흐르는 공간의 틈을 조정하게 된다. 물론 완전히 조이면 유체는 흐르지 않게 된다. 이러한 니들 밸브는 주로 개폐용(on-off) 밸브로 사용되며, 유량을 조절하는 기능은 약하다. 가정에 있는 수도꼭지도 니들 밸브의 일종으로 볼 수 있다.

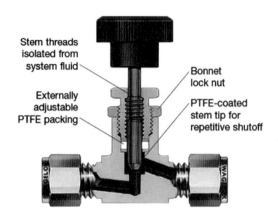

Stem threads
isolated from
system fluid

Externally
adjustable
PTFE packing

Bonnet
lock nut

PTFE-coated
stem tip for
repetitive shutoff

〈그림 11-11〉 니들 밸브.

11.4.3 미터링 밸브

미터링 밸브(metering valve)는 기본적으로 니들 밸브와 동일한 원리로 작동한다. 차이점은 니들 밸브에 비해 훨씬 뾰족한 스템을 사용하며, 이에 따라 유체가 흐르는 공간의 틈을 매우 미세하게 조절하는 것이 가능하다. 즉, 밸브의 회전수에 따라 정밀하게 유량을 조절할 수 있으며, 또한 회전수를 용이하게 파악할 수 있도록 손잡이에는 눈금이 새겨져 있다. 정밀한 미터링 밸브와 유량계를 결합하면 정밀한 유량 조절이 가능하다.

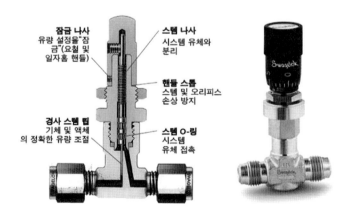

잠금 나사
유량 설정을 "잠금"(요철 및
일자홈 핸들)

경사 스템 팁
기체 및 액체
의 정확한 유량 조절

스템 나사
시스템 유체와
분리

핸들 스롬
스템 및 오리피스
손상 방지

스템 O-링
시스템
유체 접촉

〈그림 11-12〉 미터링 밸브.

11.4.4 토글 밸브

토글 밸브(toggle valve)는 개폐형 밸브이며, 손잡이를 위로 올리면 아래쪽의 스템 부분이 유로를 막고, 손잡이를 아래로 내리면 스템 부분의 유로가 열리게 된다. 조작이 간단하고, 조작 시에 딸각하면서 작동하기에 개폐를 확실하게 할 수 있는 장점이 있다.

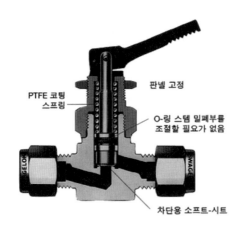

〈그림 11-13〉 토글 밸브.

〈그림 11-14〉 다이아프램 밸브.

11.4.5 다이아프램 밸브

다이아프램 밸브(diaphragm valve)는 유량 조절이 가능한 밸브이며, 손잡이를 돌리면, 아래쪽에 있는 다이아프램(판막)의 휜 정도가 변하면서 유로의 틈을 조절하게 된다.

11.4.6 체크 밸브

체크 밸브(check valve)는 손잡이가 없으며, 튜브 중간에 연결하여 사용한다. 체크 밸브의 기능은 역류를 방지하는 것으로, 화살표 표시가 된 방향으로는 유체가 흐르지만 반대 방향으로는 흐르지 못하는 구조를 가지고 있다. 그림 11-15는 대표적인 두 가지 종류의 체크 밸브이다.

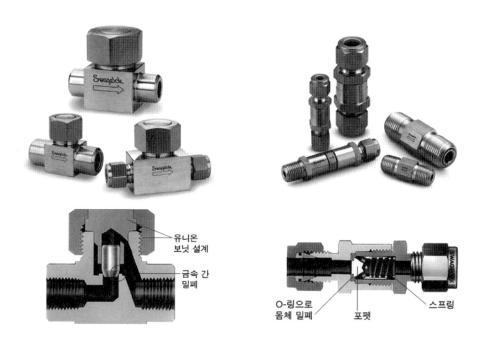

〈그림 11-15〉 체크 밸브.

11.4.7 릴리프 밸브

배관 내의 압력이 한계 이상으로 높아지면, 유체의 누설이 일어나며 심할 경우에는 폭발이 일어날 수도 있다. 이처럼 배관 내부의 압력이 설정치 이상으로 높아졌을 때, 유체를 외부로 배출하여 압력을 낮추는 역할을 하는 것이 릴리프 밸브(relief valve)이다. 그림 11-6에 보이듯이 위에서 스프링으로 스템을 누르게 되면, 평소에는 잠겨 있다가 내부압력이 스프링의 누르는 힘보다 세지면 열리면서 유체가 밖으로 방출되게 된다. 이후에 내부 압력이 낮아지면 다시 잠기게 된다.

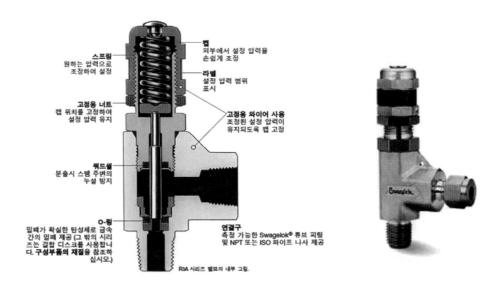

〈그림 11-16〉 릴리프 밸브.

11.5 필터

유체가 흐르는 배관에는 작은 고체들이 떠다닐 수 있다. 이러한 입자들이 밸브의 정밀한 연마면에 끼이게 되면 흠집이 나서 누설이 일어나는 원인이 될 수도 있다. 따라서 외부에서 입자가 유입될 만한 곳이나, 입자로부터 보호가 필요한 부품에는 필터(filter)를 설치할 필요가 있다.

그림 11-17에는 대표적인 필터의 내부 구조와 제품을 나타내었으며, 거르고자 하는 입자의 크기에 따라 여러 가지 규격의 필터가 있다.

〈그림 11-17〉 여러 가지 종류의 필터.

참고 문헌

1. http://blog.worldwidemetric.com/products/pipes-vs-tubes-is-there-a-difference/
2. www.swagelok.com
3. Swagelok catalogue

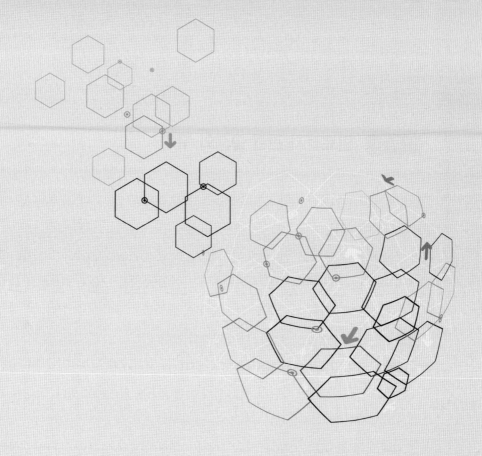

APPENDIX

A.1 연료전지 관련 물품의 구매

연료전지 교육과 관련 실험 물품을 파는 다양한 회사들이 있으며, 대부분 인터넷을 통해 판매하고 있다.

가장 대표적인 사이트는 미국에 본사를 두고 있는 FuelCellStore이며, 인터넷 주소는 www.fuelcellstore.com이다. 이 사이트를 통하면 연료전지 교육용 키트뿐만 아니라 연료전지 시스템을 제작하기 위한 거의 모든 종류의 물품들을 구매할 수 있다. 본 교재에서 다룬 연료전지 관련 실험장비 또한 구매가 가능할 것이다.

국내에 진출한 업체로는 Horizon Fuel Cell Technologies가 있으며, 역시 다양한 종류의 연료전지 교육용 키트뿐만 아니라, 연료전지 관련 물품을 판매하고 있다. 국내에 지사가 있으며, 인터넷 주소는 www.horizonfuelcell.co.kr이다.

그 외에 국내 회사로는 CNL Energy사에서 다양한 연료전지 관련 물품을 취급하고 있으며, 인터넷 주소는 www.cnl.co.kr이다.

A.2 태양전지 관련 물품의 구매

국내 업체로 'SolarCenter'가 있으며, 인터넷 주소는 solarcenter.co.kr이다. 다양한 종류의 태양전지 셀 및 모듈, 그리고 이와 연관된 전력변환 장치와 배터리 등 태양전지와 관련된 거의 모든 물품의 구매가 가능하다.

물품의 판매뿐만 아니라 태양전지 관련 커뮤니티 또한 운영하고 있으며, 태양전지와 관련한 많은 정보를 제공하고 있어 태양전지에 관심을 가진 사람에게는 아주 큰 도움이 될 것이다.

A.3   전자 및 전기 관련 물품의 구매

국내 업체로 '디바이스마트'가 있으며, 인터넷 주소는 www.devicemart.co.kr이다. 전자/로봇/기계부품 분야의 거의 모든 키트 및 물품의 구매가 가능하다. 또한 계측기기 및 공구류도 취급하고 있다. 정기적으로 '디바이스마트 매거진'을 발행하여 다양한 정보를 제공하고 있다.

A.4   피팅 및 밸브의 구매

피팅 및 밸브 업체로는 swagelok이 가장 공신력 있는 제조업체이며, 인터넷 주소는 www.swagelok.com이다. 상기 회사는 피팅의 체결에 있어 페룰을 사용하는 기밀성이 우수한 독자적인 기술의 개발을 통해 시장을 선도하고 있다. 가격이 고가이지만 기술력이 우수하여 널리 판매되고 있으며, 국내에도 대리점을 운영하고 있다.

Swagelok 다음으로 많이 판매되는 회사는 Parker이며, swagelok의 제품과 거의 유사한 제품군을 생산하며, 상호간에 호환하여 사용하는 것도 가능하다. swagelok사의 제품과 유사한 성능을 가지면서 가격이 조금 저렴하여 많이 판매되고 있다. 인터넷 주소는 www.parker.com이며, 국내에 대리점을 운영하고 있다.

국내 업체로는 Hy-Lok, DK-Lok 등이 있으며, 역시 swagelok과 유사한 구조의 피팅 및 밸브를 판매하고 있다. 가격이 국제적인 제품들보다 저렴하지만, 제품의 신뢰도가 다소 낮아 일반적인 용도로 주로 사용된다. 인터넷 주소는 ww.hy-lok.com과 www.dklok.com 이다.